突发公共事件
心理危机干预案例集锦

吕 静 张银玲 主编

山东科学技术出版社

图书在版编目（CIP）数据

突发公共事件心理危机干预案例集锦 / 吕静，张银玲主编 . —济南：山东科学技术出版社，2020.6

ISBN 978-7-5723-0326-5

Ⅰ . ①突… Ⅱ . ①吕… ②张… Ⅲ . ①突发事件 – 心理干预 – 案例 – 汇编 Ⅳ . ① B845.67

中国版本图书馆 CIP 数据核字 (2020) 第 081628 号

突发公共事件心理危机干预案例集锦

TUFA GONGGONG SHIJIAN XINLI WEIJI GANYU ANLI JIJIN

责任编辑：孙雅臻
装帧设计：侯 宇

主管单位：山东出版传媒股份有限公司
出 版 者：山东科学技术出版社
地址：济南市市中区英雄山路 189 号
邮编：250002 电话：（0531）82098088
网址：www.lkj.com.cn
电子邮件：sdkj@sdcbcm.com
发 行 者：山东科学技术出版社
地址：济南市市中区英雄山路 189 号
邮编：250002 电话：（0531）82098071
印 刷 者：济南普林达印务有限公司
地址：山东省济南市市中区二环西路 12340 号西车间
邮编：250001 电话：（0531）82904672

规格： 16 开（170mm × 240mm）
印张： 10.75 **字数：** 150 千
版次： 2020 年 6 月第 1 版 2020 年 6 月第 1 次印刷
定价： 46.00 元

主　编　吕　静　中国人民解放军总医院

张银玲　空军军医大学

副主编　汤　泉　联勤保障部队第九八四医院

编　委（按姓氏笔画排序）

冯　博　空军军医大学

成思哲　空军军医大学

齐建林　空军特色医学中心

许　涛　空军杭州特勤疗养中心

杨　蕾　空军特色医学中心

杨业兵　中国优生优育协会母婴情绪管理专委会

邵永聪　北京体育大学心理学院

郑新红　联勤保障部队第九八四医院

侯艳红　中国人民解放军总医院第八医学中心

郭静利　火箭军特色医学中心

董　薇　海军军医大学

主　审　宋华淼　空军特色医学中心

前言 PREFACE

近十余年来，我国突发重大公共卫生事件频繁发生，使不少平时看似很从容的人也陷入恐慌、紧张、焦虑、愤怒、悲痛等情绪中，甚至在突发重大公共卫生事件结束后，仍然有一部分人过度紧张的情绪不能缓解，在遇到其他突发事件刺激时很容易再次出现心理问题。或许您对此并不以为然，但实际上，持续过度的负性心理问题会对人们的健康造成极大的危害。可以说，重大突发公共卫生事件的心理学干预就是一场长期的心理“战争”。

全国的心理工作者面对突发重大公共卫生事件时往往会快速、积极行动，在第一时间为公众尤其一线医务人员开展科学的心理危机干预，为维护其心理健康提供有力保障。某心理研究所 2003 年开通的“非典”心理咨询热线数据显示，非典型肺炎发生 6 个月后心理咨询求助电话才开始减少，10 个月后热线才最终关停。因此，针对突发重大公共卫生事件的心理危机干预不可能在短期内结束。作为心理工作者，我们一直在思考如何为重大突发公共卫生事件之后的人们及时补充心理能量，因为使他们能够摆脱不良情绪和不健康心理的影响，是我们义不容辞的责任。然而，我国心理工作现状表明，现有的精神科执业医师、治疗师及心理咨询师人数较少，无法充分满足大众需求。因此，经过反复商议，我们决定编写一本针对突发重大公共卫生事件后的心理与行为异常进行干预的实操手册。

本书共分 12 章。第一章先介绍了突发重大公共卫生事件后人们会出现的心理与行为反应，让人们对此有明确的认识；随后的章节提供了一些常用的心理干预操作技术，让人们可以学习、掌握正确的心理应对技巧。本书没有讲授晦涩的心理治疗理论和疗法，而是以鲜活的案例解析的形式，通过治疗师与来访者的对话，以谈话记录的方式，生动、形象地展现不同的治疗目标、治疗程序、治疗技术，使读者仿佛身处治疗情境，跟随治疗师，细细品味、深入体会如何针对具体的人和问题进行心理干预。本书的作者均接受过严格的心理学专业训练，长期从事心理学教学以及心理咨询和治疗实践，具备深厚的专业功底。书中介绍的心理干预案例均是作者的实践智慧，不仅适用于普通民众，也适合于专业心理咨询师和治疗师，以及心理学等相关专业的学生。书中所涉及案例均经过当事人知情同意，在此也祝他们一切安好。

能尽一点绵薄之力将本书呈现给感兴趣的读者，是我们的荣幸。真诚期望您在读完这本书后，能进一步了解心理干预的方法并将其应用于自己的生活中，不断完善自我，乐享美好人生。

吕静　张银玲

目录 CONTENTS

第一章 知己知彼，百战不殆

——疫后常见心理与行为反应

2019年末，新型冠状病毒以迅猛之势扩散至全国，铺天盖地的新闻报道与朋友圈转发使得我们意识到此次疫情的严重性。期间一段时间新型冠状病毒肺炎患者的确诊人数陡然上升，以及各地普遍实施的封闭管理，人们的情绪反应也随之波动。

在全国各地医务人员和科研工作者与该病毒进行多方面斗争后，我们得知新型冠状病毒肺炎的病原体不在人类已经了解的6种冠状病毒之内，它与以凶险著称的SARS冠状病毒和MERS冠状病毒一样不容小觑。它的初期表现类似普通感冒而容易让人放松警惕，然而一旦加重就会出现多器官受累，需要呼吸、重症、感染、心脏等多学科专家共同参与救治，所以专家们一致认为新冠病毒非常“狡猾”。疫情出现后，相关专家连夜奋战以期攻克新型冠状病毒肺炎在防护、诊断、治疗与防疫等多方面的难关。尽管现在专家们对此病已经有了初步的认识，但是它与其他病毒相比“不走寻常路”的表现，仍然常常使我们陷入迷局。

对于新事物的不了解难免会让普通大众心里犯嘀咕，为了战胜新病毒被赋予使命也会让权威和专家身心俱疲。突发性公共事件引发的一系列心理健康问题，某些时候可能更让大众不知所措，所以，心理防护战场也可称为第二战场。2020 年 2 月 18 日，我国学者发表在 Lancet Psychiatry 上的文章指出，我国有关心理危机干预理论与实践研究起步较晚，组织与管理模式有待完善，特别是心理卫生专业人才短缺，多数地区尚未组建心理干预团队，已经组建团队的成员也多由咨询师、护士、志愿者、心理学及相关专业高校教师组成，缺乏具有丰富临床经验的心理学专家和精神科医师参与。鉴于此，笔者希望介绍一些相关心理学知识，以帮助大众识别某些心理反应，并且展示由专业人员应用不同心理治疗技术对来访者进行干预的案例。

“国家有难，匹夫有责！”我们希望通过将自己的所学与经验总结成册，以在这次疫情中尽绵薄之力。

一 常见心理反应

（一）注意力

此次新型冠状病毒肺炎疫情，对于中国来说是一次灾难性事件，除了对国家经济有一定程度的影响外，对于民众的身心健康也产生了负面影响。由于在疫情暴发过程中，民众和医务工作者一直处于高度紧张状态且对疫情高度关注，因此，注意力分散可能是灾难之后出现的一种典型症状。

造成疫后注意力分散的原因主要有两个。首先，疫情期间，各类新闻每日播报全国各地的疫情，人们在逐步了解新型冠状病毒源头和传播途径的同时，也会受到一些极端事件的刺激。如某市民外出买菜，仅仅与病毒携带者相对近距离停留了 15 秒，便被感染了。此事一经报道，引起了民众的极大恐慌。一旦这种不良情绪达到一定的严重程度，就会产生注意力的集中、持久或变换目标能力受损，从而导致注意力分散。其次，此次疫情期间，广大民众积极响应国家号召，自我居家隔离，阻止疫情传播，由此也导致了锻炼方式和强度的缺乏和不足，而身体处于缺乏运动的低激活状态，会导致身体内血液循环减慢，进而脑激活程度降低。一旦疫情结束，人们会因为压抑太久而过度兴奋从而进行大量运动，导致体内激素水平上升过多，进而出现注意力方面的问题。如与身体兴奋性有关的肾上腺激素上升，导致人们压抑已久的对食物、运动、电子游戏的渴望程度更加严重，神经兴奋性更强，就会出现注意力方面的相关问题。

（二）记忆

记忆是人脑对经验过的事物的识记、保持、再现或再认，是进行思维、想象等高级心理活动的基础。记忆涉及我们日常生活中很多事件，例如地点、事件、人物等基本信息在脑内的保留，都是记忆的过程。在记忆的过程中，如果受到严重影响，人脑就会扭曲记忆、加速遗忘。简单来说，我们可以将每一个记忆片段想象成一个在路上走着的小人，如果没有意外发生，这个小人会走到终点，也就形成了长时记忆。但是，一旦在路上受到了刺激，这个小人就很有可能四处乱跑。如果跑到别的路上，则会产生记忆错乱；如果掉进陷阱里，则会产生记忆缺失；如果导致这个小人变得不再积极，则会产生痛苦回忆。下面主要介绍疫情之后有可能出现的记忆错乱、记忆缺失和痛苦回忆。

1. 记忆错乱

此次全国暴发的疫情来得突然，死亡对患者家属来说就是一种精神上的重创。如2003年的“非典”和2008年的汶川地震，很多遇难者家属在灾难后的生活中，经常会出现与遇难者相关的但并不存在的记忆。如汶川当地的刘女士接受一个采访时说，她的母亲在父亲遇难后十分悲伤，经常说昨天父亲给自己买了裙子、做了顿饭，但实际上她父亲已经去世几个月了。这就是典型的记忆错乱案例之一。这种临床表现往往对自己和家人产生极大的负面影响，严重者可能难以维持日常生活，尤其是当记忆错乱者明确自己的记忆是错误的时候，很可能出现诸如自残甚至自杀的极端行为。

另一种记忆错乱是凭自己的主观想法，将记忆中某件事的主人公记错、调换身份、强加行为等。如在汶川地震之后，有人将拯救其生命的人从解放军、武警官兵替换成自己逝去的至亲至爱，这在某种程度上是无意识的逃避现实行为。同样的，在这种记忆错乱结束后，这些人也可能陷入难以接受事实的痛苦中，最终产生极端行为。

2. 记忆缺失

遗忘分为顺行性遗忘和逆行性遗忘：前者是指经历灾难或重大打击后，对未来发生的事情难以形成长时记忆；后者是指经历灾难或重大打击后，对于打击前的记忆存在片段缺失的情况。本次疫情期间，灾区民众高度恐惧，同时又由于封城，很多民众会产生错误的被抛弃心理，这两种不良的消极情绪都会对灾区民众或遇难者家属造成精神打击。比较常见的记忆缺失主要发生在死亡者家属身上，常见症状有两种：第一种是主观上逃避至亲至爱已经去世的事实，主要表现为对所爱之人遇难前后的记忆片段缺失，以达到逃避痛苦现实的目的；第二种是亲人去世而产生的巨大痛苦，导致其在以后的生活中，与去世亲人相关的记忆片段缺失，产生无意识的逃避行为或只能记住与去世亲人相关的记忆，沉浸于无尽的痛苦之中。这些情况最终都有可能导致更严重的心理问题。

3. 痛苦回忆

灾难是无情的、残忍的，会在一瞬间夺走人们的生命和财产。在这次疫情当中，有优秀医务工作者如黄文军医生的牺牲，也有患病者的去世，对于逝者的家属来说，这些事件就是非常痛苦的回忆。疫情结束后，这种伤痛仍无法被抚平，便会产生痛苦回忆。如汶川地震以后，在百度提问、知乎提问中总有人问“在地震中自己的至亲去世了，现在每天脑子里都是当时的灾难场景和所爱之人的遗容，十分痛苦，难以进行正常的学习、工作和生活，怎么办？”这种问题在没有经历过的人看来，可能无非是多掉一些眼泪，多怀念一些亲友而已，但是对于遇难者的家属和朋友来说，实际上是非常痛苦和受煎熬的事情，如果长时间经历这种折磨未能得到及时缓解，则有可能会走上自杀之路。

（三）情绪

通过问卷调查和访谈，我们发现，不同的人随着疫情的发展和自己的不同处境（如距离疫区的远近、身边是否有人感染、自己是否感染等）会出现不同的情绪反应。有人因“害怕被感染”而紧张不安，有人因“网络上真真假假的消息太多”而感到恐惧心慌，也有人因日常生活节奏被打乱感到自己无能为力而出现抑郁情绪。除此之外，失望、愤怒和自责等情绪也在不同的人身上有不同程度的表现。然而，我们需要明确的是，在疫情期间，个体出现这些情绪反应是正常的。另外值得一提的是，疫情期间的这些负面的情绪一定程度上可能会持续到疫情结束之后，正如前文所提到的注意力和记忆缺陷，人们的这些认知障碍所带来的情绪的变化会大大影响疫情过后的生活。下面主要介绍疫情期间与之后可能出现的焦虑与恐惧、抑郁与悲伤等情绪症状。

1. 焦虑与恐惧

我们以未感染新型冠状病毒的大学生、老师、政府人员为对象调查发现，在疫情增长速度最快阶段，最明显的症状就是焦虑。导致焦虑的原因包括以下几种：

“前几天一起吃饭的朋友突然告知出现结膜炎、胸闷等相关症状。”

“面对未知的威胁才会有的危机感。”

“媒体宣传，网络上真真假假的消息太多。”

“对生命，对大自然惩戒的畏惧。”

“除疫情外出现的多例悲痛消息，如科比空难。”

……

这几点足以很全面地概括人们当下的处境，面对原有的生活、工作节奏和计划被打乱，社会经济的下滑、网络谣言播散以及信息来源的不确定性，都使每个人的内心感到怄气、恐惧、烦躁。其实，人对危机程度的知觉往往是不准确的，虽然钟南山院士已经强调，相比起 2003 年的“非典”，新型冠状病毒的危险会稍微低一些，但是在这个互联网时代，绝大多数人是通过大众媒体来了解新型冠状病毒的，而大众媒体的报道多采用诸如“震惊”“重磅”“人类无能为力”等词语博得社会关注，这些信息的飞速传播极易引发人们的过度恐慌。

某微博大V发出“今天确诊病例翻倍，疫情越来越严重，每个人都有可能感染上，万一感染上怎么办？害怕和焦虑，吃不下睡不着”的言论；另外，网络上对新冠肺炎病症的描述，使得很多网友一旦感冒，出现发烧、咳嗽症状就会比以往更加紧张。病毒和疫情的不确定性使人们对自己或他人的卫生情况、身体健康情况等更加怀疑，甚至怀疑医生的诊断、治疗水平和检查结果。长期处于紧张和疑病的状态，不仅不利于感冒的痊愈，还会加重心理压力，逐渐形成焦虑的状态。

以上都是疫情期间人们可能出现的症状，而这些症状往往会持续到疫情过后。对于新冠肺炎患者来说，长时间的病痛折磨与隔离可能会使患者在疫情过后回想起来感到恐惧。由于疫情属于国家重大突发事件，治愈后的患者在庆幸自己战胜病魔的同时，也会表现出对未来再有类似突发事件的不确定性感到焦虑和担忧。疫情过后，全国解禁，工作人员恢复正常工作，学生回归学校正常学习，被压抑了很久的人们早早就在家里计划好了疫情之后想要做的事情。但是，随着一切恢复正常，当计划由于某些因素并不能得以满足时，人们就会因此而感到焦虑和急躁。此外，人们陆续回到工作岗位或学校时，看着周围的有些人利用在家几个月的时间大量阅读书籍丰富了自己的知识，有规律锻炼获得了更好的身材，或者学会了一门技能等而变得更加优秀，那些毫无所获的人则会对自己消磨时光、无所事事感到后悔、遗憾和自责，在竞争中被比下去的焦虑、害怕心理也常常困扰着这些人。

2. 抑郁与悲伤

经验表明，疫后有超过10%的人会出现抑郁情绪。对患者而言，生理上的病痛或春节期间与亲人的隔离使得其愈发痛苦；对患者家属而言，亲人患病对其是一种心理煎熬。在微博上与新冠肺炎患者求助者对话中，有不少求助者发出无奈而悲痛的求救声。其中一位求助者说道：“……实在没有办法，不能眼睁睁看着母亲被病痛折磨，而不能动手术去除病痛，因此发帖求助……”这些患者家属求助的声音都成了疫情暴发时引人泪目的独白。对非患者或非患者家属而言，长期的居家状态使其感到枯燥、压抑、缺乏动力。实际上，在疫情发生初期，很多武汉民众甚至湖北省政府均未对新冠肺炎给予足够的重视，此类情况引发了微博网友的激烈讨论：“如何劝家里的老人戴上口罩？”“如何劝爸妈不要走亲戚了？”等等。被指责小题大做、长辈或朋友不听劝告甚至轻视疫情的严重性会使部分人产生无能为力和悲伤的感受，而疫情产生的压抑的社会氛围又加剧了人们体验到的负性情绪。长期处于压力之中，很可能会快速消耗人们的生理和心理资源，进而使人们继续应对危机的能力降低，且对压力感到麻木，如此形成一种恶性循环，导致出现抑郁症状。

然而，疫情的结束并不意味着人们的这类情绪的症状也能够随之消失，因为长期的心境低落会使人抑郁。从 2019 年 12 月就开始出现的新型冠状病毒引起的肺炎从发生初期到暴发到稳定，经历了一个较长的过程。在这期间，患者长时间的隔离，患者家属终日的担忧，未感染人群长时间处于家中，避免和亲朋好友聚餐等等，这一过程所带来的心理压抑或许并不像我们所想的那样会随着疫情的结束而终结，相反，疫情期间产生抑郁与悲伤情绪的人们，如果没有得到有效的开导和治疗，很可能会使这些症状在疫情后迁移到其他类似事件或其他灾害中。例如，对于死亡者家属而言，本是一个合家欢聚的春节，却由于突发的病毒夺去了至亲的生命，这一难以接受的事实所产生的精神打击，会使死亡者家属感到精神崩溃，郁郁寡欢，一旦长时间不能从悲伤的情绪中走出来，就会造成灾难后抑郁症，影响今后的生活。而对于一些有出门健身或者散步习惯的老人来说，几个月都不能出门锻炼或者和老朋友聚会，会使一些老人尤其是子女不在身边的老人内心产生强烈的空虚和寂寞感，一方面想要出门，一方面又担心病毒的传播，因而出现焦虑。实际上，焦虑情绪也是属于抑郁情绪的一种症状，对于老人的焦虑来说，和年轻人不一样的是，一些老年人不太愿意接受新的事物，所以长时间的自行隔离会使他们有强于年轻人的失落感，从而可能产生抑郁倾向。

二 常见的行为异常

（一）失眠

如上文所说，疫情后人们会出现负面情绪，并且这种不良情绪在疫情结束之后可能仍然存在。除此之外，疫情也会造成人们行为的异常，并且在疫情结束之后不会立即改变。所以，我们不仅应该关注人们负面情绪的变化，还应该致力于关注人们在这期间的异常行为，以对疫情之后可能出现的异常行为做出预测。在疫情期间，大部分民众每天居家活动，出门次数甚少，有些人疯狂浏览微博、知乎等社交软件上的信息，大家每天都能通过互联网受到大量疫情信息的刺激。那些不断增长的确诊病例、疑似病例数字，使得有些人过度关注负面信息，在他们看来，情况好像一天比一天糟，由此导致他们的看法也一天比一天悲观——“看到疫情这么严重，这几天都睡不着。”越担心就越关心负面新闻，越是关心负面新闻也就越害怕，一旦陷入这种循环，就会导致失眠。也有不少人选择忽视疫情，每天追剧、看小说到深夜，让自己远离有关疫情的消息，只在深夜极度疲倦时才放下手机，艰难地入睡。疫情期间，患者及其家属、一线医护人员所经历的种种都可能造成失眠现象，这样的影响却不仅仅停留在疫情期间，待疫情结束后，人们或多或少仍会继续沉浸其中。

此外，疫后失眠还有生活方式改变的原因。对于普通民众，长时间的居家隔离，躺在沙发上看电视、刷手机，早上赖床，中午午睡，到了晚上却睡不着，长期的晚睡晚起造成疫后生活节奏紊乱；对于在疫情一线的人员，在经历了长期不规律的工作、生活后，也难以在短时间内回归正常状态。或是疫后经济、事业的压力，“家人全都因为疫情待在家里，没有任何收入，春节前后狠狠地花去了一笔，疫情期间又花销疯涨”，“延迟上班，公司的业务没办法正常开展，企业没有收入，业务可能搁置 2~3 个月，现金流断了 2~3 个月，能摧毁很多企业”。破产、失业、错过机遇……铺天盖地而来的都是坏消息与压力，工作的压力、学习的压力、家人的压力等等，种种原因综合，产生的结果就是疫后失眠人数的疯涨。

但对于患者来说，失眠的原因可能更为复杂。在2003年的“非典”结束后，许多治愈的患者仍然留下了后遗症，“为了抢救生命，激素类药物曾被大量用于‘非典’紧急治疗，激素的副作用导致各种病症，甚至精神障碍。”这次疫情结束后，也可能发生类似的情况，患者不仅长期处于高压下，部分还会因药物的副作用留下后遗症：心理因素、病症、药物的共同作用引发的失眠现象将会更加严重。

（二）暴饮暴食

暴饮暴食是一种十分有害的饮食行为，由于一次性、快速吃下大量的食物，将会诱发肠胃、肝脏乃至心血管系统的正常代谢功能紊乱，严重时还会给身体器官造成器质性的损伤，甚至危及生命。暴饮暴食更多地被认为是一种心理行为疾病。疫情过后，经历过长期隔离的人们会产生紧张、焦虑及悲伤等负面情绪，有些人可能会选择通过食物来疏解自己的心情。再加上疫情期间人们出门的机会比较少，在家里吃的多是一些保存时间久、方便食用的食品，如膨化食品、速食产品和饮料等，吃久了就会很腻，有了机会出门，人们可能会抱着一种弥补自己的心态，在较长的一段时间内频繁在外就餐，并且每次会吃得严重超量。大家都知道，外边饭店里的食物为了追求口感，往往都是高油高盐的，偶尔吃一吃还可以，吃多了就非常不利于身体健康。把这些食品当成一种排解情绪的安慰或者奖赏，想从中寻求慰藉，获得的效果都是暂时的，而且很多人还会因为担心发胖而产生负罪感和羞愧感，第二天再想着通过节食或过度运动来消耗前一天摄入的热量，往往又会影响自己的情绪，造成恶性循环。暴饮暴食会给生理上和精神上带来巨大的伤害，确实是疫情过后许多人所面临的窘境。

（三）过度饮酒

“借酒消愁”是很多人排解情绪的一种手段，但最后的结果往往是“愁更愁”。酒精能麻痹人的神经，带给人刺激、兴奋的感觉，让人暂时忘记生活中的烦心事。人们经过了几十天的隔离，在家中觉得憋屈难受，再加上隔离结束复工后，可能要面临较大的工作压力和经济负担，难免会产生一些不良情绪，想着不如一醉方休，让这一醉解千愁。虽然喝醉并不能改变什么，醒来之后一切还会是原样，但还是有很多人寻求短暂的欢愉。过量饮酒会损伤我们的神经系统和胃、肠道及肝脏等器官，长时间这样还会致癌，可以说对人体有百害而无一利。摄入过量酒精后，身体状态不好，而且头脑昏昏沉沉，精神状态也不好，不仅会影响正常工作状态的恢复，而且也会产生焦虑、自责的情绪。疫情过后，如果喝醉酒成为一种常态，可能整个人会陷入一种长期萎靡不振的状态，抵抗力也会随之下降，影响我们的生活质量。

（四）噩梦不断

疫情期间，看到互联网上与疫情相关的消息，有些内心柔软、共情能力强的人会与患者和医护人员感同身受，但是自己好像也帮不上忙，便伤心、恐惧甚至自责，出现替代性创伤。即使疫情结束，这些人也还是很容易回忆起那些不好的事情。白天心慌意乱，晚上噩梦连连。日有所思，夜有所梦，白天的时候总想着曾经的疫情多么严重、被隔离限制活动是多么的无聊、那些因为疫情而去世或者失去亲人的人们，晚上睡觉时就容易梦到自己也置身于这样的情境之中，自己变成了患者、患者的亲属或医生。即使当时没有被噩梦吓醒，第二天早晨醒来回忆时，也还会心有余悸。这样的噩梦会严重损害人们的睡眠质量，影响第二天的精神状态。总是做噩梦还会影响身边家人的睡眠质量，将负面的影响传递给其他人。此外，长期噩梦还会通过影响其他系统的正常运转从而损害自己的身体健康，例如内分泌紊乱引起的高血压、消化不良等等。做噩梦的情况往往是与失眠或嗜睡等其他睡眠问题同时出现的，对身体的危害比较大，往往很难有针对性的有效措施，很容易在疫情过后、情绪不稳定的人群身上出现。

（邵永聪　杨业兵）

第二章

助人有方，医心有术

——干预基本技巧

在全民抗疫的大潮下，无论是湖北抗疫第一线的医疗卫士，还是五湖四海心系湖北的朋友们，大家都想为国家尽一份力。如今，大众消息的主要来源是媒体，尤其以网络媒体居多，这些信息多且杂，谣言就应声而出。“喝酒能杀灭病毒”“武汉已经没有健康的人了”“人类对新冠无能为力”等这些不实信息的出现，为大众带来很多恐慌，许多人产生了与实际情况不符的焦虑情绪。于是，我们在大街上看见头上罩着矿泉水桶出门的大叔，穿着“塑料袋防护服”的狗狗……有些人虽然身体健康，但是内心的焦虑就像魔鬼一样，让他们片刻不得安宁。而我们只需要掌握一些最基本的心理学沟通技巧，就能有效地帮助我们的亲人和朋友，何乐而不为呢？下面我就分享一下平时我在工作中常常会使用到的基本技巧，当然也可以运用到生活中，那样的话就会在一定程度上提升别人对我们的好感度。

一 倾听

看到这个词，人们可能会想：听人说话还不容易吗？不就是他说我听，面带微笑，频频点头吗？连小孩子都会！其实不然。所谓“倾听”，是“前倾着聆听”，这是一种全身心投入的状态，仿佛全世界只有诉说者是彩色的，而其他都是黑白的。通过倾听，体察诉说者的痛苦，感受他的情绪，归纳他最主要的困扰，观察他的一颦一笑，是否紧皱着眉头，是否身体缩成了一团，从语气中我们能否感受到他的绝望或是痛苦，从表情上我们能否看出快乐还是悲伤。倾听既是心理咨询的第一步，也是贯穿始终的纽带，绝不仅仅是随便听听那么简单。

（翠花，女，38 岁，夫妻关系不和睦）

咨询师：“您好，我是冯医生，有什么可以帮助你呢？”

翠花：“你好，我心里不太舒服。”

咨询师：“哦？”

翠花：“说什么都可以吗？”

咨询师：“当然，您想说什么都可以，我会一直在听。”

翠花：“我很害怕。”

咨询师：“嗯，为什么呢？”

翠花：“我老公让我很没有安全感，天天出去喝酒，喝到很晚才回来，回来醉醺醺的，稍微心情不好就要打我和我女儿。”

咨询师：“啊，有这样的事？有没有跟他谈过？”

翠花（眼眶红了，偷偷抹眼泪）：“我真的是天天都在跟他说，嘴皮子都要说破了，我说你本身就是做运输的，天天喝酒，回头工作危险，会出事的！他也跟我说不喝了，但是只要他的狐朋狗友一叫，他还是摔门就走，晚上又是两三点才回来，一回来就摔东西，吓得我女儿躲在被窝里哭。他这个样子，我也不敢把老二留在身边，害得他那么小就不能和妈妈在一起了。”

（无声地递上纸巾）

咨询师："您好点儿了么？"

翠花："谢谢，我好多了。不知道为什么，跟您见面我愿意把我憋在心里那些说不出来的话都说出来，说出来心里就好受多了。我今天想再认真地和我老公谈谈，这死鬼要是还一意孤行我就家法伺候（破涕为笑）！"

二 共情

共情是我们心理干预中最微妙的东西，它既简单又复杂，可以简单到只有四个字"设身处地"，也可以复杂到成为我们年轻咨询师出师最大的拦路虎。在有限的篇幅里，这里只介绍一下最简单、最实用的共情技巧，不长篇累牍。共情，既是一种态度，也是一种能力。面对诉说痛苦的人，需要我们换位思考来体验来访者的痛苦，在感同身受的基础上，将我们对他们的心疼、理解、珍惜和尊重用一种温柔的方式表达出来，可以是一句贴心的话语，可以是一声长长的叹息，也可以是无声轻柔的抚慰，又或是满是心疼的表情，甚至可以只有一个"懂你"的眼神……这些，是真正打开来访者心门的钥匙，从这一瞬间，我们直击灵魂的对话才刚刚开始。

（小可，男，19 岁，爷爷因新型冠状病毒肺炎去世）

咨询师："小可你好，我很想了解是什么原因让你来到咨询室呢。"

小可（指着胸口）："我这里疼。"

咨询师："你是指心疼？"

小可："是的。"

咨询师："发生了什么？"

小可："嗯，一想到我爷爷就疼。"

咨询师："愿意说详细点吗？"

小可："我爷爷因为新冠（肺炎）去世了。"

咨询师："啊……听到这个消息我也很难过，抱歉我对于你爷爷的去世无能为力，但是看到你这么难过，我希望能够做点什么帮帮你。"

小可（悲伤地哭泣）："我是真的接受不了，明明上周爷爷还和我一起吃饭，今天爷爷怎么就没了呢？"

咨询师："我不知道该说什么，你一定跟爷爷的感情很深，这么突然的事情，无论谁碰到也难以接受。"

小可："你能懂我？"

咨询师："嗯，我知道这很难，由于疫情的关系，有可能你都没有见到爷爷最后一面吧？"

小可（痛哭）："是啊。"

咨询师："如果你现在想哭就好好哭一场吧，哭出来你会好受点。"

小可：（沉默）

咨询师："是否感觉好点了？"

小可："嗯，舒服点了，可是我还是不能接受。真的难以接受啊！"

咨询师："是的，太难接受了。爷爷是我们最亲的人，一场疾病快速地夺取了他的生命。作为活着的人，肯定是非常难过和伤心的，尤其是你还没来得及跟他道别。"

小可："是的，我画的画还没来得及给爷爷看，他还说今年生日送我一个惊喜……"

咨询师："所以你的情绪中有太多的不舍和遗憾。今天愿不愿意让我帮你跟爷爷道别？"

小可："嗯，是啊，我还没有跟爷爷道别。我也不想爷爷担心我。"

咨询师："那愿意和我分享一下你和你爷爷的故事吗？"

小可："嗯！"

（治疗正式开始……）

三 觉察和洞察

觉察和洞察看似是一对双生子，实则迥乎不同。洞察对外，觉察对己。洞察是将我们的心理能量聚焦于来访者，关注来访者的言、行、举、止，既寻找来访者内心的冲突，也发现他身上潜在的力量，并引导他利用自己的力量解决他自己内心的冲突。而觉察，是将我们的心理能量聚焦于我们自己，在干预过程中作为观察自己的“第三只眼”，感受自己的情绪，体察自己的想法，把自己当作来访者面前的镜子，利用自己的反应和变化理解来访者，从而更好地帮助他们。

（小美，女，23 岁，因早年被欺凌不敢看别人的眼睛）

咨询师：“小美，你怎么不看我呢？”

小美：“我不愿意伤害你。”

咨询师：“嗯？你看我为什么会伤害我啊？”

小美：“我的眼神很凶狠，我家人和朋友都不喜欢看我的眼睛（眼神躲闪，身体语言退缩）。”

咨询师：“可我不觉得你眼神凶狠啊，我倒是觉得你的眼睛很有神呢。你愿意看看我的眼睛吗？”

（小美犹豫了一下，怯生生地望向咨询师）

咨询师（温柔的笑）：“多漂亮的眼睛呀！那些之前没看你眼睛的人简直亏大了呀！”

（小美表情有些吃惊，但眼神不再躲闪，全身也慢慢舒展开了）

咨询师：“小美，你之前说你小时候被欺负过，是跟你的眼睛有关吗？愿意和我分享一下吗？”

小美：“嗯……老师是这样的……”

（治疗得以顺利继续）

四 沟通

沟通这个词，我们大家同样很熟悉，但这个词在我们心中也有和常规认识不同的意义。不知道大家有没有遇到这样的例子，明明我花时间去开导他，为什么反倒不欢而散，热脸贴上冷屁股？这种情况可能和不合时宜的沟通方式有关。对一个困惑、不安、迷茫的灵魂来说，他需要的不是指点江山般的颐指气使，更不是居高临下的下命令做指示，而是在一个舒适、安全的环境中探索自己、发现自己，在我们的循循善诱中得到启发，在我们直击灵魂的问题中顿悟。我们通过一系列开放性问题，引导来访者依靠自己的力量成长，如涅槃般获得重生。

（荷花，女，62 岁，对老伴儿有意见）

咨询师：“阿姨您好，您来我们这里是想解决什么问题啊？”

荷花：“我要和我老伴儿离婚！”

咨询师：“您愿意告诉我原因吗？”

荷花（气呼呼地）：“他只顾他老妈那边！我们女儿一直没结婚他都不操心！”

咨询师：“您觉得他为什么这么做啊？”

荷花：“还不是因为他老妈身体不好！成天跑到那边做饭，我自己只能吃点剩饭菜！”

咨询师：“那您觉得您爱人的母亲生病了他不应该去照顾吗？”

荷花：“这倒也不是，但是他弟弟妹妹也都退休了，他们啥也不干！就让我们家老刘累死累活的！”

咨询师（轻柔地笑）：“看来您还是心疼他。”

荷花（态度有所缓和）：“他照顾老母亲我也可以理解，但是照顾应该轮流啊，这样他也能多操心一下女儿的事情。”

咨询师：“阿姨，我能问您个问题吗？”

荷花：“你说。”

咨询师：“您爱人是不是家里的长子呀？”

荷花：“对，他有两个妹妹一个弟弟。”

咨询师：“那他作为长子是不是从小就在照顾弟弟妹妹呢？”

荷花：“这倒是，我们家老刘爱操心，总把所有的事情都自己扛，他小妹五六十岁的人了，还像个长不大的孩子，还总是嗲声嗲气地说‘看我哥哥多好！哥哥在，我们都特别放心！’”

咨询师：“哦……是这样啊……那您觉得您老伴儿现在这样和他小时候照顾弟弟妹妹的样子像不像啊？”

荷花：“嗯……你这么一说倒还真是……”

咨询师：“那您觉得有没有可能他现在其实只是童年模式的一个延续呢？”

荷花：“原来是这样……那这点也就算了，但女儿的事情呢！女儿没结婚他都不管的！都是我一个人到处联系找合适的！”

咨询师：“您女儿愿意找吗？”

荷花：“她不排斥啊，我给她找的她也愿意见。”

咨询师：“那我觉得没问题啊，只是您女儿还没碰到有缘人而已呀。”

荷花：“但是他不能不着急啊！凭什么都是我操心！他干吗？不是他女儿！？”

咨询师：“那您和他谈过女儿相亲的事情吗？您老伴儿是怎么想的啊？”

荷花：“他可过分了！他觉得婚事是女儿自己的自由，还叫我别管！说女儿自己心里有谱！你瞧瞧！这都是什么态度！有这么当爹的吗？”

咨询师：“那您觉得呢？女儿的婚事必须您来定？女儿自己的想法不重要？”

荷花：“这倒也不是，但是他应该积极点啊，我们多找找，女儿的婚事才更有保障啊。”

咨询师：“那我问您一个问题哈，如果您和您老伴儿拼了老命地找，一周找 10 个，您女儿能受得了么？”

荷花：“额……这倒是有点多……估计见不过来……”

咨询师：“那您给她介绍了多少个啊？她处理得怎么样呀？”

荷花：“她平时上班挺忙的，的确休息日见两三个就已经累得不行了。”

咨询师：“那您还想让您老伴儿接着介绍，是想让您女儿对相亲这件事彻底没兴趣是吧？”

（沉默）

荷花："唉……经你这么一说，我怎么突然觉得都是我的不好，不够理解他还瞎操心……"

咨询师（温柔地笑）："您说呢？"

（冯博　成思哲）

第三章

稳心有技术，情有安放处

——常用稳定化技术

庚子年伊始，疫情肆虐，我们都经历了前所未有的考验。隔离在家的小伙伴们一边为武汉加油打气，一边尽己所能捐物捐款；一边练着烹饪技术，一边调侃着要求“请退我一岁”。作为医务工作者，我们仍需坚守在工作岗位，并且密切关注着此次重大事件给临床患者带来的影响。值得庆幸的是，在前来就诊的群体中，并未发现因疫情而导致症状明显波动的患者。近期战“疫”捷报频传，疫情报告提示非湖北的多项数值均在下降，多个地区连续多天无新增病例，战“疫”已经接近尾声。这一天，却来了一位“不速之客”——天天。

28 岁的天天是我的一个老患者，2 年前因焦虑抑郁状态无法按计划完成学业，需要延期半年毕业。通过评估病情、明确病程，并考虑到当时的实际情况（3 个月后答辩），我给予他药物治疗。所幸的是这个孩子服药后症状明显改善，病情一直都很稳定，即使在母亲情绪失控出口伤人后，他都可以换个角度看问题。

春节前复诊时，天天说为了攻读博士学位已经申请了国外多个学校，考虑到一旦被录取，在新的环境下需要适应期，为了防止病情波动，他的药物并未完全停服。天天曾说“药物在陪伴着我成长”，不愧是学霸，这句话是他自己总结出来的。

但这一天复诊时，他提到在大年初五和初六那两天疫情严峻时期母亲突发高热，当时全家人都很紧张。虽然去医院很快排除了新型冠状病毒感染，确诊只是普通感冒，并在大年初九就基本痊愈了，但是从那之后，他的睡眠就一直不好，睡前总是胡思乱想些不好的事情。他说：“吕大夫，您说我是怎么了？自从吃上药以后我还从来没有出现过这种连续好多天的失眠情况呢，我自己用了呼吸放松训练也不管用，还偶尔会出现头痛、身上麻麻的。”我问他：“你前段时间关注疫情信息多不多？”他笑着说：“有点多，那感觉真像过山车似的，虽然有时我刻意不想关注，但有可能是大数据的缘故，总给我弹出疫情相关信息，我又控制不住不点开。看后心里多少会有些不舒服。不过，整体来说我觉得最近自己的情绪还算稳定。”

刚好近期工作日程可以安排出时间，我考虑应该对他进行一些心理干预，随即我们约了次日再次就诊的时间。不管是由于过载的信息让天天出现替代性创伤，还是患者对未知的国外生活出现潜在的担心，既然现在出现了一些症状，我先不分析症状的原因，此时教他学习一些稳定化技术是非常必要的，以期能够改善他的睡眠问题以及比较轻的躯体不适症状。

稳定化技术在创伤治疗中有其重要意义。在治疗初期，我们常常使用它对患者进行安抚、对创伤刺激进行隔离。对于某些患者来说，可能还会应用它贯穿整个心理治疗的始终，甚至可能成为他们每天日常生活的必修课。

常用的稳定化技术包括安抚技术和分离技术两大类。安抚技术的目的是让我们学会自我抚慰，增加安全感、获得自我力量；分离技术的目的是使来访者学会与创伤性刺激保持距离。安抚技术很常见，使用也较多，比如放松训练、“安全之所”“心灵花园”以及光柱技术等。分离技术包括保险箱容器技术、屏幕技术和遥控器技术等。

第一次治疗——安全之所

安全之所属于安抚技术的一种，目的是让来访者在内心世界建造一个能够由自己完全掌控，并且觉得安全的地方。需要注意的是，这个安全之所必须是建立在自己内心世界的而并非现实存在的，通常要求是有边界的，可由来访者掌控的。安全之所里一般不允许带任何不可控的东西，如现实的人、小动物等。治疗师通过语言引导来访者想象，寻找、建构和完善他的安全之所，同时要给予来访者选择的自由以及给予体会的时间。

吕医生："天天，昨晚睡得怎么样？"

来访者："吕老师（他有时会这么称呼我），我昨晚临时加了半片艾司唑仑，还是睡得很浅，和前几天差不多，十一点半吃的药，可能凌晨一点才睡着，早上六点就醒了。"

吕医生："好的，所以，近期我想带你进行一些训练，期望能帮到你，让你睡得好一些。今天我想和你共同完成的一项工作是寻找并建立自己的'安全之所'，你准备好了吗？"

天天点头。

吕医生："一会儿请先跟着我的指导语去建立你的安全之所，最后我们再分享和讨论。如果你愿意的话，到时候可以跟我描述一下你的安全之所。那好吧，我们就开始了。"

具体指导语如下：

好，现在请你轻轻地闭上眼睛，深深地吸一口气，慢慢地呼出来。深深地吸一口气，再慢慢地呼出来。随着你的呼吸，将疲劳和紧张全部都呼出去，吸气，呼气，吸气，呼气。好，非常棒，就是这样。（**如果来访者可以跟上节奏，适当的肯定与鼓励特别有助于他继续完成治疗**）

请你把注意力慢慢地从周围收回来，将注意力集中到自己的鼻尖上，关注鼻尖，感受一下气流通过鼻腔所带来的感觉，关注你的鼻尖，深深地吸气，慢慢地呼出来，吸气，呼气。好，很好，就是这样。

我记得你说过你喜欢花。那么，想象一下你眼前有一朵玫瑰花，看看它的大小，再看看它的颜色，慢慢地接近它，深深地闻一闻，感受一下它清香的气息。好，来，慢慢地把气吸进来，深深地闻一闻，好，再慢慢地把气呼出去。非常好，请你尽量保持这种深而慢的呼吸。

（上述内容是呼吸调节训练，我们用它开场，期望可以诱导来访者完全放松下来，以便进入寻找“安全之所”的最佳状态）

现在，请你在内心世界里找一找，有没有一个安全的地方，在这里，你能够感受到绝对的安全和舒适。它应该在你的想象世界里——也许它就在你的附近，也可能它离你很远，无论它在这个世界或这个宇宙的什么地方……

请你放心，这个地方只有你一个人能够造访，当然，你也可以随时离开。如果你愿意的话，可以带上一些你需要的东西陪伴你，那些友善的、可爱的、可以为你提供帮助的任何东西……

现在，你需要给这个地方设置一个你所选择的界限，也就是边界，你完全能够独立决定哪些有用的东西允许被带进来。但请注意，那是一些东西，而不是某些人，真实的人不能被带到这里来……

别着急，慢慢想想，找一找这么一个神奇、安全、惬意的地方……

好的，我们慢慢找……

或许你看到了某个画面，或许此时你感觉到了什么，或许你只是在想着这么一个地方……

让它出现，不管出现的是什么，就是它……

如果在你寻找安全之所的过程中，出现了不舒服的画面或者感受，别太在意这些，请告诉自己，现在你只是想发现好的、内在的画面，可以等到下一次再处理那些不舒服的感觉。现在，你只是想找一个只有美好的、使你感到舒服的、有利于你康复的地方……

你可以肯定的是，一定有一个这样的地方，你只需要多花一点时间，再多一点耐心……加油……

有时候，我们要找一个这样的“安全之所”还有些困难，因为还缺少一些有用的东西。但你要知道，为找到和装备你内心的安全之所，你可以动用一切你能想到的物品，比如交通工具、日用工具、各种材料，当然还可以使用魔法。总之，一切有用的东西你都可以动用，也有能力动用……

当你到达了自己内心的“安全之所”时，请你看看四周，感受一下这里是否真的令你感到非常舒服和非常安全，这里是不是真的是一个可以让自己完全放松的地方。请你用心好好检查一下……

有一点非常重要，我们要特别强调，那就是在这里你应该感到完全放松、绝对安全以及十分的惬意。请把你的“安全之所”按照这种标准规划……

好的，请你仔细环顾一下你的“安全之所”，仔细看看那里的一切，所有的细节。你的眼睛看到了什么？所看到的东西让你感到舒服吗？如果是，就留在那里；如果不是，就调换一下或者让它消失，直到你真的觉得特别舒服为止……

好，现在你能听见什么吗？你感到舒服吗？如果是，就留在那里；如果不是，就变换一下，直到你的耳朵真的觉得很舒服为止……

那里的温度是不是很舒服？如果是，那就这样；如果不是，就调整一下温度，直到你真的觉得很舒服为止……

你能不能闻到什么味道？舒服吗？如果是，就保留原样；如果不是，就变换一下，直到你真的觉得很舒服为止……

如果这个只属于你的地方还不能令你感到非常安全和十分惬意的话，这个地方还可以再调整一下……请仔细观察，在这里还需要些什么，能使你感到更加安全和舒适……

现在，把你的“安全之所”准备好了以后，请你仔细体会，你的身体在这样一个安全的地方都有哪些感受？

你听见了什么？

你闻到了什么？

你的皮肤是什么感觉？

你的肌肉有什么感觉？

呼吸怎么样？

腹部感觉怎么样？

请你尽量仔细体会现在的感受，这样你就知道，在这个地方的感觉是什么样的……

你也可以给它取一个名字……

如果你在这个地方感觉到绝对的安全，就请你用自己的身体设计一个特殊的姿势或动作，用这个姿势或者动作，你可以随时回到这个“安全之所”来。以后，只要你一摆出这个姿势或者你一做这个动作，它就能帮你在你的想象中迅速地回到这个地方来，并且感觉到舒适。比如你可以握拳，或者把手摊开，以后当你一做这个姿势或动作时，你就能快速到达你的内在安全之所。（过了一会儿，一直闭着眼睛的天天拿手比了一个心形）

请你带着这个姿势或动作，全身心地体会一下，在这个“安全之所”的感受有多么美好……

（几分钟后）好的，现在你可以撤掉这个姿势或动作，平静一下，如果你愿意，现在可以慢慢地睁开眼睛，回到自己所在的房间，回到现实世界中。

看到来访者睁开眼睛，我说：“天天，你现在数一下这个房间长方形物品有几件，都有什么呀。”**（大家知道我为什么问这个问题吗？是的，我们运用“着陆”技术确认来访者现在已经回到此时此地）**

来访者：“8件，2张桌子，电脑，我的电脑包……”

吕医生：“如果你愿意，可以和我分享一下你的‘安全之所’吗？”

来访者：“嗯，好的，我特别想告诉您。那是一个有魔力的可变换大小的球形小屋，平时它就像星星一样隐藏在天边。如果我的手做‘心形’动作，它就嗖的一下从天上飞下来，我管它叫魔力心屋。”

吕医生：“真棒，听起来那里就是一个特别让人向往的地方。你的魔力心屋是什么材质和颜色的呢？有门吗？怎么进入呢？那里边都有些什么呢？”**（为了让来访者的“安全之所”更加清晰，我们通常会问一些细节的问题以加深他们的构建）**

来访者：“它是那种蓝紫色的圆球形，质地看着非常坚硬，是透明的，里边可以看到外边情况，但外边看不到里边，并且有防弹防火等功能，它的门是隐形的，我只要站在那里，它立即就通过人脸识别自动开门。里边有电脑，还有手机，算了不要手机了，以免被打扰。床是那种圆形的，还有一个大沙发，沙发旁的圆桌子上放着取之不尽的食物和饮料。”

吕医生：“你床上放什么东西了吗？床上用品是什么颜色和材质的呢？沙发和桌子的颜色和材质都是什么呢？”

来访者：“床上有两个枕头，特别舒适可以变形，一个用来躺着，一个用来靠着。还有一床薄被，都是白色的，是那种纯棉质地的，很天然、很环保。沙发是布艺的，那种淡淡的天空一样的蓝色，桌子也是配套的蓝色，圆形，下半部是那种铁艺。”

吕医生：“听着那里可真舒服啊。那你能说说在那里的具体感觉吗？比如，你听到了什么声音？闻到什么味道？那里的温度是怎么样呢？”

来访者：“那里有我最喜欢的歌在循环播放，声音不大，我能闻到一种薄荷味，屋里温度是有点凉爽的感觉，但绝不是冷，很舒服的那种。”

吕医生：“这是一个非常安全和舒适的地方，那现在想到它，你的肌肉有什么感觉？呼吸怎么样？腹部或者身体其他部位有什么感觉吗？”

来访者：“我现在感到身上的肌肉特别放松，呼吸慢而且深，嗓子和腹部都觉得热热的。还有点想睡的感觉，但是又舍不得睡。”

吕医生：“非常好，今天我们建立的这个魔力心屋，你晚上睡前或者累了想独处时，都可以到那里待着放松一下。下次来时可以跟我分享一下在那里的感觉。”

第二次治疗——光柱技术

光柱技术也属于安抚技术的一种。在治疗过程中，由治疗师引导来访者想象来自天际的一束具有治疗作用的光柱，照射在来访者身上，流经全身，从而起到对他们疗愈的作用。这个技术有利于去除身体的不适感觉，很多治疗师将它用于每次治疗结束时的练习。

来访者："吕老师，您好。这几天每天中午午休时和晚上睡前我都会在魔力心屋里待一会儿，在那里还挺放松的。我这两天睡眠没有那么浅了，但是睡眠长度还没有明显变化。中午我是不睡的，只是躺着休息半小时，偶尔还是会出现头痛或者胸口疼等身体的不舒服感，就几秒钟。难受后我也会去'安全之所'待会儿。我知道我是健康的，我也知道这是躯体化的症状，但还是不能避免。您那次提到在我出国前想多教给我几种放松技术，那今天可以学新的吗？"

吕医生："好的，这也是我之前的计划，因为你的学习能力很强，所以每次我们都进行一项新的内容。考虑到你躯体不适的症状，这次我想给你使用具有疗愈效果的光柱技术。"

"如果你准备好了，那我们就开始吧。"

具体指导语如下：

现在，动一动你的双脚。看看你的双脚是不是很踏实的放在地板上……

活动一下你的身体，感觉一下你的背部和椅子的靠背接触的状况怎么样……

现在可以调整一个让自己感到最舒服的姿势……

当然，在整个过程当中，你都可以随时调整自己的身体，以便让自己坐得更加的舒服，更加的自在……

现在，请你闭上眼睛，然后开始做深呼吸，深深地吸气，想象这些新鲜的氧气、充足的能量深入到你肺部的深处，通过血液循环带到你身体的每一个细胞，给你身体所有的细胞带去新鲜的空气和能量，让它们获得健康的能量。

然后缓缓地吐气，每一次的吐气，你都能够感觉到在把体内的废气和杂质完全排出到体外……

深深地吸气……缓缓地吐气……

（此处我们仍然使用了呼吸调节训练，以期可以诱导来访者完全放松下来）

现在请你感受一下身体上那些不适的感觉，检查它在哪个部位，它的大小，它的形状……

现在，请你想象有一束来自宇宙的光柱，它非常神奇，能量无穷无尽，具有很强的疗愈作用。请你感受一下这束光柱的大小、温度、形状甚至颜色。它笼罩着你的全身，可以透过你的皮肤进入你的身体。

现在请你觉察一下它带给你的感觉，让它先在你身体那些不舒服的部位照射起来。好，现在慢慢感受一下那些不舒服的部位有什么样的变化。

现在，让我们把身体的每一个部位都让光柱照射治疗一遍。如果到达那些不适的部位，就让它在那里多待一会，直到那种不适感减弱或消失。

首先，可以从你的头顶开始想象光柱从上到下慢慢地照射的感觉。

现在光柱来了，你紧绷的头皮开始放松了……

对，非常好，光柱逐渐地向下照射到你的额头……你的双侧太阳穴……

如果头部有疼痛的地方，可以让它到那里去并且多照射一会儿……

不用着急，保持一种平稳的呼吸，慢慢地进行……

你现在可以感受到光柱来到了你的双眼，你也感到越来越舒服……你的眼睛越发地轻松和明亮……

随着光柱照射到你的鼻子，你感到鼻部湿润且呼吸通畅……

光柱来到了你的脸颊，你面部的每一块肌肉都慢慢地舒展开来……

光柱继续向下……

这种放松的感觉传递到你的嘴里、下巴……你感到自己的下颌部和紧咬的牙关松弛了下来……

对的，非常好，不要着急，这是属于你自己的时间……

你越放松，光柱给你的帮助就越大……

真好，随着你平稳的呼吸，带着治疗作用的光柱缓缓地向下照射到你的脖子……你的颈椎……你的双肩部……

光柱让你的颈部和双肩部完完全全地松弛与舒适起来……

越来越舒适……

继续将光柱发出的疗愈之光向下传递……

现在到达你的双上臂……双肘关节……双前臂……双手……直至10个手指头的末端……

你感到非常的舒服……甚至会感觉到自己的手臂变得非常的松软无力……

如果此时你感觉到两只手碰在了一起，你可以将它们分开，自然地放到你同侧的大腿上……

伴随着你的自然呼吸……继续感觉光柱的疗愈作用……

它来到了你的整个躯干，从上到下，从外到内，一个部位，一个部位……

逐渐地治疗……

首先它照射到你的胸部，你现在可以感觉一下最初不适的那个部位是什么样的……让光柱在那里多照一会儿。

好，你现在完全地舒服起来……充满了能量……

然后让光柱依次地向下照射……到达你的腹部……又到达了你的背部……

此时，光柱帮你释放掉了背部所承受的所有压力……让背部的每一块肌肉都完完全全地放松下来……你的腹部和背部也变得舒适起来……

现在光柱向下延伸到你的腰部……骶部……臀部……这些部位都变得越

来越健康……你越来越有活力了……

你的肺部、胃部、肝脏、肠道，一个部位接着一个部位都经过了光柱的疗愈……

继续让光柱向下延伸到你的大腿……到达你的膝盖……放松你的小腿……来到你的脚踝……一直延伸到你的10个脚趾……

对的，就是这样，享受你当下的一切，保持目前的状况……

你可以花上一点点的时间，检查一下那些躯体不适的部位，感受一下它们……

也可以检查一下全身没有照射到的地方……如果还有没照射到的地方，可以让光柱慢慢地照过去……

对的，很好，保持你当下的状态，让自己此刻静静地待在那里，享受光柱给你的疗愈……

现在，请让光柱暂时离开，任何时候只要你需要，你都可以让它回来。好，请按照你自己的节奏回到这个房间来，如果你愿意，现在可以慢慢地睁开眼睛。

之后，天天跟我描述了他所构建的光柱的形状、大小和温度等，并指出这个技术对自己的躯体不适起到了非常重要的作用，他反馈在治疗开始后躯体不适感很快就逐渐减轻。

第三次治疗——保险箱/容器技术

保险箱也被称为容器技术，是分离技术的一种。在治疗的初期，很多创伤记忆不适宜去处理，所以需要来访者构建一个安全的容器，把今后需要处理的创伤材料放进隔离容器里，从而起到与创伤性刺激保持距离的效果。随着治疗的进展，待来访者认为自己可以对创伤刺激处理后，再由治疗师评估并协助其对容器里的创伤材料进行加工。

治疗师需要做的是引导来访者构建和完善他的保险容器，检查其各项功能，确保它是绝对的安全后再将创伤材料放进去，之后需要把容器也放到安全的地方。需要注意的是，来访者需要把容器放到想象中绝对安全的地方，只有他自己能随时取到，但是不能放在治疗室。

吕医生："天天，今天我们要做的任务是建立你的保险容器，并把一段不愉快的创伤放进去隔离。"

具体指导语如下：

现在请想象在你面前有一个容器，或者某个类似保险箱的东西，哪种都可以。现在请你仔细看看这个容器：它有多大？有多高、多宽、多厚？它是用什么材料做的？它外面和里面都是什么颜色的呢？它的壁有多厚？这个容器里面有分格吗？请你仔细观察这个容器，这个容器门或者口好不好打开？开关容器的时候有没有声音？你会怎么关上它？锁是什么样的，密码锁，挂锁，还是转盘式？钥匙是什么样儿的……

好，现在，请你检查一下这个容器，并试着关一关，判断一下它现在是不是最牢靠。如果不是，请你尝试把它改装到你觉得百分之百放心和可靠。也许你可以再检查一遍，看看你的保险容器是否足够结实，锁也足够安全……

非常好，如果现在你已经建好自己的保险容器了，那么可以找出一个曾经令你不适的感觉、念头、画面、声音、场景、味道等等，都可以。找出后，我们一起合作把它放入保险容器里。

提示：这一步骤，需要帮助来访者把创伤相关的记忆以及躯体感觉"物质化"，并把它们放进保险箱。

感觉：比如对死亡的恐惧以及躯体不适（比如疼痛），给这种感觉／躯体不适设定一个外形，尽量使之可以具体化，然后把它们放进一个小盒子或类似的容器里，再锁进保险箱里。

念头：在想象中将某种念头写在一张纸条上，比如是用某种看不见的神奇墨水，只能以后在必要的时候采用某种方法使之显影，将纸条放进一个信封封好。

图片：想象与创伤记忆有关的画面，可转换为图片。必要时可以将之缩小、去除颜色、使之泛黄等，然后装进信封之内，再放进保险箱。

内在电影：将应激相关内容和情景设想为一部电影录像带，必要时将之缩小、去除颜色、倒回到开始的地方，再把磁带放进保险箱。

声音：想象把创伤相关的声音录制在磁带上，将音量调低，倒回到开始处，放进保险箱。

气味：将与创伤相关的气味吸进一个瓶子，用软木塞塞好，再锁好。

天天："吕老师，我想把妈妈那天测完体温发现自己发烧时的画面放进去。"

吕医生："好的，现在你脑海里记着这个画面，让它变成一张照片，我们现在将它缩小，是的，越来越小了，这张图片的颜色变得有点褪色，像是一张泛黄的旧照。我们把它放入一个信封还是直接放入保险容器，都可以，这个由你来选择……好的，你放好了吗？"

如果放好了，就关好容器吧，记住钥匙放在哪里，否则就没有寻找创伤性材料的途径了。现在，把容器放在你认为合适的地方，这个地方不应该太近，在你力所能及的范围里尽可能地放远一些，但是应该能随时拿到。你需要事先考虑清楚怎样可以再次顺利找到自己的容器，比如通过运用某种魔力或特殊的工具等，以后什么时候你想和我一起再来看这些东西的时候，我们可以迅速找到它。但是，记得它可不能带进你的"安全之所"哟。

总结的时候，天天跟我分享了它的"保险容器"，那是一个高端材质的透明瓶子，很像漂流瓶，它外边还套着一个无敌套子，有指纹锁。

其他常用稳定化技术介绍

心灵花园：常用安抚技术的一种。由来访者建造的自己内心的充满生机和自我抚慰的花园。为了确保来访者的掌控感，花园中栽种与培植的东西都是由来访者决定的，他们也具有随时对花园进行修整的权力。

指导语：

我要邀请你为自己创建一个你真正想要的心灵花园。想象有那么一片处女地，那里有着肥沃的土壤，充满着活力。

或许一抔土对你来说就足够了，也或许你想要一个阳台那么大的地方，也可能你想要很大一片地，就像公园那样的地方。

请给自己一点时间确定你想要的大小和地貌。

接下来，为你的花园建一个边界，就按你自己想要的那样，比如用栅栏、树篱、围墙或树。

如果你喜欢，你也可以不设边界，开放你的花园……

找到你最喜欢的样式……

栽培你的花园：

现在请你在你的土地上种上任何你所想要栽种的东西……

或许不定什么时候你想要对花园做些改变，那就在花园的一角留个肥堆吧。你可以将任何你不再想栽的东西放到这个肥堆里，让它变成肥料来改善土壤。

进一步的修葺：

如果你愿意，你还可以对花园再做些修葺：或许你想要有些水，修个池塘，造个水源或者一条小河什么的……

如果你愿意，你也可以建一个坐的地方……

或许你想在花园里养些动物，如果是这样的话，你想养些什么动物呢？……

任何时候你想对花园做些改变都是可以的……

欣赏你的花园：

如愿以偿地修葺好花园之后，你就可以找一个美丽的地方坐下来欣赏你的花园了。

往四处看看，你都看到了哪些颜色，哪些形状呢？你都听到些什么呢？你闻到了什么？身处其间，你的身体感觉怎么样呢？

你可以考虑邀请一位你喜欢的人来到你的花园。不过需要确定的是，他或她需要是能珍视你的花园和你为花园所付出的心血的人。

遥控器技术：属于分离技术的一种。遥控器技术是以屏幕技术为基础的，它要求在给来访者呈现图像的过程中，可以运用遥控器进行各种操作，比如放大、缩小或暂停画面，以及调节声音等，这就需要对遥控器的各种功能进行设定。治疗师需要做的就是引导来访者设计他的遥控器，并且对遥控器的各种功能进行调试。

需要注意的是，在调试过程中，可以先呈现积极的画面或者场景，再呈现不太舒服的画面。这里建议不太舒服的画面的主观评定值（SUD）评分最好在 4 分以上。

指导语：

你好，通常我们使用电视机、新型照相机一定可以对许多图片和照片进行技术处理，比如画面闪现和消失的方式、焦距的拉长和缩短等。

请你设想一下，现在你的手上拿着一个遥控器，并可以通过它来调整静止的或者动态的画面或图像。想一想遥控器的样子，或许你想设计一个新的款式。它是什么样儿的？什么颜色？那些按钮是什么颜色的？上面的按钮多还是少？按下按钮时的感觉是什么？是那种软橡胶的还是硬塑料的按钮？遥控器被拿在手上的感觉是什么样的？很合手还是有什么地方需要做些改进？很轻还是有点重？遥控器是用什么材料做的？拿在手上是很舒服还是你想换换别的材料？——在想象里，怎么做都可以……

现在请你再把遥控器拿在手上，感受一下，看看你对它是不是感到满意，或者你还想再做一点调整？如果想调整的话，就再花一点时间，如果你已经比较满意了，就可以欣赏一下你自己设计的遥控器。

现在对遥控器的设计已经完成了，但它还应该好用，就是说，你还要在技术性能上再花点时间。

为你的遥控器再设置一些你喜欢和需要的功能，如果你对技术还不太在行，我想提供一些线索。比如说有电源的开启和关闭，快进和快退，让画面停顿或暂停键，使画面更亮或更暗的功能，让对比度更高或者变低的功能，变焦效果（拉近或推远），声音调大调小以及静音功能。

如果你愿意，你还可以在你的遥控器上设置一些特殊的功能，比如顺计时或倒计时、黑白或者彩色性能调整功能，自动定时关机，画面放大或缩小，模糊画面，多画面显示、正色－负色功能等。

不用着急，悠闲地把你的遥控器设计到你最满意为止……

现在请你找出一段积极的回忆内容（可以是一个小的场景，就像电影里的一个小的片段）。找到这一幕以后，就请你用它来调试你的遥控器的各种功能。每一次都找出一个特定的功能，留意观察，看看它是否能很好地对画面进行调控。

不要着急，在你练习使用各种画面调节功能时，一定要有足够的耐心。根据来访者的情况不同可以将引导语发挥得更加具体："请按下停止键，看看发生了什么？按下开始键，又发生了什么？在画面进行的过程中，按下暂停键，发生了什么？现在把焦距调近一点，发生了什么？"

请你把积极的影片用定格（或暂停键）停止或倒回到最美的一幕，再把这一幕或这张图片处理成常规的尺寸，使之能装进一个小巧的精美相框。仔细观察这张画儿，再把它挂在你家里最漂亮的地方，再次仔细品味它。

接下来请继续你的实验：再截取一幕对你来说不太舒服的画面，尽管这一幕与你没多大关系。（SUD 值至少应该为 4！）

看到这一幕，还是请你用手上的遥控器对它做一点调整，使得画面不那么流畅清晰（比如快进、降低对比度使之模糊、静音），从而也就不那么使你感到难受。

请你把这部电影从不太舒服的那一幕再倒回到开始的地方，取出录像带，把它放进保险箱（容器）或其他不太妨碍你但你又能拿到的地方。如果是一个保险箱，就锁好箱门，使之不会弄丢，直到什么时候你想和我一起来看它们的时候为止。检查一下你的锁具是否完好，好好考虑你把钥匙藏在哪儿，或者密码记好了没有。

请你再次走到挂在你家最漂亮的地方、用电影里所截取的最美的画面前，仔细观察这幅画儿，直到它所产生的积极情绪能被你再次清楚地感觉到为止……

请你把这种良好的情绪保留一会儿，然后，再把注意力集中到这个房间里来……

总　结

本章我们通过实际案例介绍了两项安抚技术和一项隔离技术。每一部分的指导语都在总体纲领下根据来访者的特征和实际情况进行了些许改动，有些细心的读者会发现很多操作细节都是我们在治疗中需要注意的，比如治疗过程中指导者的语速、语音语调和一些肯定性的暗示。另两项常规技术也是目前比较成熟的，可直接参考指导语进行操作。

稳定化技术是心理危机干预中非常重要的一环，也是开展后续创伤处理工作的基础。它能够帮助来访者提高情绪的耐受性，增强他们调控情绪的能力，教会他们如何与创伤材料保持距离，提升他们自我安抚的水平，加深来访者从生理、到心理再到社会的各个层面的安全感。对于稳定化所需要的时间，既可以是一次晤谈也可能是终生的陪伴。

其实，我最想说的是，心理治疗的很多技术都是融会贯通、相互呼应的，随着经验的增长，我们需要提升的不只是从各种培训班里掌握的技巧，而是一个医者或者治疗者对工作的情怀和对来访者的爱。

危兮机所倚，尽管这次我们经历了一场前所未有的战“疫”，但疫情既是照妖镜，也是聚龙绳！

不经此难，怎可知万千炎黄子孙流着的血液是中国红！

不历此劫，又怎能发现90后的孩子已屹立在风雨中！

所以，从一开始我们就知道，我们，一定会赢！

上述指导语中部分内容来自或改编于中国 EMDR 学组培训手册。在此，特别感谢致力于创伤治疗培训的各位国内外老师为中国心理治疗的规范化做出的巨大贡献。

（吕静）

第四章

换个角度看问题

——认知行为治疗

一场突如其来的冠状病毒引发的疫情，让2020年的春节变得格外不一样，被“限制”宅在家中，生活作息被打乱；铺天盖地的信息与新闻；社会弥漫的恐慌等，很容易使人们被卷入“负性思维、悲观想法”的黑洞。虽然适度的情绪反应有助于提高唤醒水平，促进人们去应对，但一旦反应过度，则会影响人们的理性思维和行动能力。即使在疫情得到基本控制后，这些负性情绪仍可能持续对人们的工作、学习、生活和社会交往造成不良影响。认知行为治疗是一种以实证研究为基础的心理治疗技术，该方法不仅简单、短程，而且风险较小、疗效更长，因而成为心理治疗的主流方法之一。下面以一名女性来访者接受心理治疗为例，展示认知行为治疗的过程。

认知行为治疗过程示例

王女士，62岁，退休教师。春节期间，王女士与从武汉返回的弟弟（后确诊为新冠肺炎）聚会，导致丈夫感染新冠肺炎，儿子、女儿全家被隔离，其所居住的居民楼也被封闭。虽然王女士的丈夫经治疗已经痊愈出院，但王女士一直走不出那个阴影，抑郁、愧疚、自责一直在困扰着她。

初期会谈：建立良好关系，开展临床评估

详细询问王女士的情绪、行为表现及其发生、发展过程，发现王女士情绪抑郁、愧疚、自责，无兴趣做事，不愿意出门，但无自杀危机，适宜采用认知行为治疗。为了缓和她的抑郁情绪，教会其进行放松训练，并作为家庭作业每天练习；告诉王女士负性情绪与负性想法及行为相互影响的关系（见右图），要求其积极参与本次心理治疗。

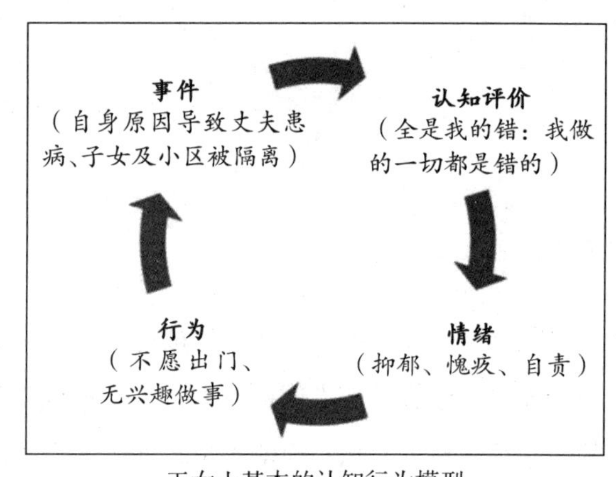

王女士基本的认知行为模型

告诉王女士，情绪低落、活动减少是抑郁情绪的表现，两者之间可构成恶性循环。为打破这种循环，治疗师推荐了行为作业技术，即帮助王女士制定了每日活动记录表。活动可以很简单，如与爱人一起散步、去看望儿女、购物等，其目的在于促使王女士增加活动，帮助其转变不良的感觉。请王女士以小时为单位记下每天的活动，并按活动后的愉快感（P）和活动难度（M）进行评定（见下表）。

活动安排表

计划	评定
每天早晨开始按小时实施计划	每次记下自己干的事，并在 0~10 分之间对 P 和 M 打分
8~9 时做操	做操：P8 分　M6 分
9~10 时散步	散步：P7 分　M2 分
10~11 时 ……	
11~12 时	
……	
20~21 时	

小结：

本阶段的重点是努力建立和谐、合作的治疗性关系；说明认知行为治疗的原理和过程，来访者了解治疗原理，就能去除治疗过程的神秘化，减少其对治疗方法有效性的疑问。而且，当王女士理解了治疗师所运用的技术或作业与问题解决之间的关系时，她会更认真地参与进来；此外，帮助王女士树立信心，鼓励其积极参与心理治疗。

第二阶段会谈：识别、矫正歪曲认知

治疗师："什么事情使你情绪不好呀？"

王女士："唉！"

治疗师："我听到了一声叹息，你能说说现在是什么感觉吗？"

王女士："高兴不起来。"

治疗师："现在你心里想到了什么会让你高兴不起来呢？"

（治疗过程中，来访者的情绪状态可能发生改变，治疗师需要关注这些情绪变化，因为这些变化有助于治疗师走进来访者的思想）

王女士："主要是这次疫情中发生的事，因为我的原因导致丈夫得了病，儿子、女儿一家都被隔离，我所居住的居民楼也被封闭。我真是太蠢了，这一切都是我的错，真的太糟糕了。"

治疗师："噢，我理解你的感受，你有什么证据能证明你就不应该是一个愚蠢的人？"

王女士："我……（思考）没有证据，但是有许多证据说明我实际上就是一个凡人，偶尔会表现出一些愚蠢的行为，但这是正常的吧，大部分人都是这样的。"

治疗师："对。那有证据能证明情况很糟糕了吗？你的儿子、女儿一家、小区的邻居都被你传染得病了？他们中有许多人因为你得了新冠肺炎去世了？"

王女士："那倒是没有。"

治疗师："可我听到你说太糟糕了。"

王女士："好吧，我明白了，并不是太糟糕。但是因为我的行为造成了他们的恐慌，还有生活上的不方便，这个比较符合现实。"

通过会谈，治疗师了解了王女士的不合理认知，并向她介绍了如何去识别自己的不合理认知，这是认知疗法的核心。

术语"认知"包括思维和想象两个方面。有时候，在明确的情境下指出来访者的不合理信念有一定难度，此时，治疗师可以征求来访者的意见，看是否在想象的情景中，更容易揭示来访者与这些情景有关的思维。随后，针对王女士表现的不愿意出门的问题，治疗师向王女士推荐了情绪想象技术。

治疗师："刚才我们检查了你的不合理认知。还有另一种常用的情绪治疗技术你也可以尝试用一下。你想知道如何做这种练习吗？"

王女士："是的，我想。"

治疗师："那好，请闭上眼睛，很轻松地闭上。"

王女士："好的。"

治疗师："现在生动地想象你走出家门，来到了家属区的活动场地，你能栩栩如生地想象这种情景吗？"

王女士："是的，我能。"

治疗师："好，现在你看到了什么？"

王女士："周围的人都离我很远，他们不愿意靠近我，他们在抱怨、指责我。"

治疗师："现在你心中的真实感受是什么？"

王女士："非常难受，内疚、自责。"

治疗师："好，继续体验这些消极的感受，强烈地感受它们。"

王女士："我的确在感受它们。"

治疗师："好，现在你继续想象同一个情景，别改变，让你自己只为所发生的事情感到抱歉，不是内疚，不是自责，不是抑郁。这些都是不健康的、不适当的消极感受。好，慢慢地改变你的感受、控制你的感受。现在，告诉我，你只感受抱歉。"

王女士："有点难。"

治疗师："是的，我知道，但你肯定能改变，你能做到的，加油，我相信你。"

王女士："我再试试。"

治疗师："非常好。"

王女士："（3 分钟后）那些感受改变了。"

治疗师："你现在只感到抱歉，不感到内疚和抑郁了？"

王女士："是的。"

治疗师："很好！你是怎么改变的？"

王女士："我对自己说：我的邻居都因为被隔离、差点得病而谴责我，但我不是故意的，我开始没有想到这个病传染得这么厉害，我真的不知道。即使我做得不对，那也不至于让我成为众矢之的。我以后会注意减少类似的行为。如果我仍被谴责，那真是太遗憾了，但也不至于就是世界末日了。"

治疗师："非常棒！我希望你每天都重复做这样的练习，坚持 20 天。你要记住，从不健康、不适当的内疚和抑郁情绪改变为健康的抱歉只需要3分钟。每天都做，可以使用你这次的应对陈述，也可以是其他的应对陈述。如果你能坚持这样做，也许 10 天、20 天之后，当你再想到这件事时，或再遇到类似的事情发生时，你就会自动地感受抱歉，是的，是自动，而不会再出现不健康的心理反应了。”

王女士：“你认为这样做真的会对我有帮助吗？”

治疗师：“是的。也许坚持下去有点难，你可以用强化的方法来促使自己坚持做下去。”

王女士：“怎么强化？”

治疗师：“很简单。你每天最喜欢做的是什么？”

王女士：“看电视。”

治疗师：“好，那就在今后的20天里不看电视，直到你能每天做一次理性情绪想象，并且能成功地把内疚、抑郁等消极的感受改变为抱歉。行吗？”

王女士：“我试试吧。”

治疗师：“如果强化没有作用，你也可以试一试惩罚的方法。”

王女士：“惩罚？”

治疗师：“是的。你最不喜欢做什么？”

王女士：“打扫卫生间。”

治疗师：“好，如果今后的20天里，睡觉前如果你还没有进行理性情绪想象练习，你就让自己去打扫卫生间。”

王女士：“那我肯定每天都做这个练习。”

治疗师：“非常好！加油！”

当来访者熟悉了如何识别自己的负性自动思维技术后，可以采用布置家庭作业的方法，通过认知疗法日志，发展来访者识别负性自动想法的能力。因为治疗不是来访者日常生活的一部分，而且治疗过程中的改变通常也难以评估，但来访者可以通过治疗期间的作业测试以及修复真实生活情境中不合理的想法，进行自我治疗，这样不仅可以减少原始问题再次出现，也能降低来访者脱离治疗的风险，并且可以加快来访者达到目标的进程，使治疗在短时间内产生效果。接下来，治疗师给王女士布置了家庭作业。

王女士："我明白你的意思，但是怎样才能把这些不合理的想法从我头脑中彻底驱逐出去呢？我的意思是说毕竟它在那里已经根深蒂固了。"

治疗师："你问得非常好。认知行为治疗还有一种技术就是家庭作业法。它的基本观点就是必须挑战你的负性自动想法，或者说是负性自我陈述，就像你过去想的那样。每次当你经历到负面的自动想法时，或经历认知方面的歪曲信念时，你就写下合理的想法是什么。现在给你一张纸，你在上面写下几行字，划下竖线分隔开，就像下面这张表。"

认知疗法每日记录表

日期	情境描述	自动思维	情绪	合理回答
	（1）导致不愉快情绪的现实事件 （2）导致不愉快情绪的想法	（1）写下导致情绪的自动想法 （2）评估对自动想法的相信程度（1~100）	（1）说明悲哀、焦虑、愤怒等 （2）评估情绪程度（1~100）	（1）写下对自动想法的合理回答 （2）评估对合理回答的相信程度（1~100）

"当你有消极自动思维的情形发生时，从左栏开始，依次记录'产生这种想法的事件或情形、这些想法是什么、伴随它产生了什么样的情绪'，接下来，通过挑战那些消极自动想法，最后写下替代性的合理回答是什么。听明白了吗？"

王女士："好像明白了，我能试一下吗？"

治疗师："当然可以，我们举个例子吧。"

王女士："前天女儿打电话说周末要加班，不能来看我了，我就有点不开心，我觉得女儿嫌弃我了。"

治疗师："好，那就这件事，你把每一栏都写下来。"

来访者认知记录表练习

日期	情境描述	自动思维	情绪	合理回答
3/4	女儿打电话说周末要加班，不能回家看我了	她嫌弃我了，没人喜欢我了（90）	不开心（80）	（1）写下对自动想法的合理回答 （2）女儿曾说过最近工作比较忙，等有空时会回来看我的。再说了，即使她嫌弃我，也不等于没有人喜欢我了。何况女儿还不至于这样。评估对合理回答的相信程度（95）

治疗师：“你做得很好。”

王女士：“那我怎样才能知道最后这一栏的想法是正确的呢？”

治疗师：“你提了一个很好的问题。要想证实最后这一栏的回答是不是合理，你能做的就是当女儿回家时和她谈谈，以此来检测你的思维模式。当然，这种检测方法可以运用到以后的每一次情景中。”

在会谈的最后，王女士说她很高兴，因为她认识到了自己对自己的歪曲评价倾向。

王女士：“现在我很高兴。至少有人向我指出了这些，以前我真的从来没有意识到我对自己的认识这么不合理。”

治疗师：“你的意思是你因为看清楚了自己而高兴？”

王女士：“是的。”

在下一次治疗开始之前，王女士和治疗师一起回顾了上一周的作业记录表。治疗师以开放的、无偏见的方式回顾家庭作业，并给予王女士积极的赞扬。根据了解到的信息，考虑王女士还是需要继续完成家庭作业。

随着会谈的继续，治疗师推动王女士去认识自己目前的行为问题——无兴趣做事，不愿意出门。治疗目标聚焦于缺乏动力和退缩这两个症状。

王女士：“现在我对做什么都提不起兴趣，我只想一个人待着。”

治疗师：“当你一个人待着时你是否会觉得好些？”

王女士：“是的，我觉得这样好些。”

治疗师：“每天你花多少时间一个人待着？”

王女士："我也不是太过分，毕竟还要给爱人做饭。除了必须做饭时，我基本上都是一个人呆坐着。"

治疗师："你一个人待着时，你对自己怎么看？"

王女士："我什么也不想。"

治疗师："那过后呢？"

王女士："过后？唉，我会觉得我什么都没做，我应该做这个，应该做那个。你知道，在那里呆坐着，什么问题也解决不了。"

治疗师："看来你喜欢一个人待着，但之后又觉得不对。"

请注意，治疗师并没有劝诫王女士或与她辩论，而是通过提问，使她检验"动起来会更好一些"的假设。

治疗师："这种情况下，你该怎么做呢？"

王女士："我不知道。"

在治疗过程中，经常会出现一个问题，来访者回答"不知道"，而治疗师进一步的问题又不能帮助来访者克服歪曲认知时，治疗师可以根据临床经验做出建议。

治疗师："好的，想过可以去参加一项什么活动吗？"

王女士："我不知道，我想可能是我对一切都不感兴趣。"

治疗师："为什么你不列一个清单？一个心理清单，列出有哪些事情是相对来说你有一些兴趣的。"

王女士："旅游，我想出去转一转已经很久了。"

治疗师："那么，参加一个旅游团是你感兴趣的事？"

王女士："嗯，是的。"

治疗师："当你去旅游了，你会做些什么？"

王女士："我觉得我会欣赏美景，结识新朋友，和他们互相沟通交流、互相拍照。有好多的事情可以做。"

治疗师："你觉得这样做怎么样？"

王女士："（笑）应该不错。"

治疗师："为什么我们不去做一下呢？"

王女士："好的，我明白了。"

小 结

识别和检验负性自动想法是认知行为治疗的一个关键。在会谈中，治疗师一开始就教王女士识别自己的不合理信念，随后，采用探索证据式提问、夸大、认知家庭作业、合理情绪想象等技术，指导王女士挑战并矫正负性自动想法；采取切实步骤衡量呆坐着不做事的好处与坏处，克服动力缺乏和退缩的行为。

需要强调的是，此阶段的治疗模式主要是提问，这样可以帮助来访者在治疗时间之外继续思考自己的想法，防止其产生被治疗师攻击的感觉。此外，挑战负性自动想法宜采用"无丧失方式"，使来访者乐于接受。

该阶段结束时，王女士感到自己的情绪有了明显改善，也开始能用比较理性的思维方式应对一些不合理的自动想法。实际上，她还通过帮助一个与她有类似自我责备问题的朋友，实践了认知疗法。

第三阶段：识别和改变潜在的功能性失调假设。

为了预防复发，需要处理来访者深层的诱发抑郁的心理结构。

王女士："在生活中，遇到事情我总喜欢往消极的方面想，估计事情过于悲观。"

治疗师："确实如此。你刚来咨询时说一切都是你的错，还认为邻居都谴责你……虽然这些已经证明与事实不相符，但从中也提示你对自己的要求很苛刻，你似乎有'完美主义倾向'，是不是？"

王女士："是的，我平常是有这种倾向，以前在工作中也是这样，总想把一切都做到最好。"

治疗师："做事高标准、高要求，这本身没有什么不好的，但也不能绝对化。俗语说'金无足赤、人无完人'，每个人都有缺点和不足，这个观点你同意吗？"

王女士："是的，我知道。可是一旦遇到事情，我就控制不住自己的这种做法。看来这才是我出现问题的关键，可是怎么办呢？"

治疗师："采取完美主义态度，追求完美，就会对自己要求过分苛刻、严格，不能容忍自己的失误、缺陷和不足，会很敏感。做事之前就会担心失败，也可能会引发消极、挫折的预感，这可能是你消极预期产生的根源。非常关键的问题是你要改变你的这种思维模式和观念，要放松对自己的要求，学会接纳自己的弱点和不足。你可以采用我们前面用过的方法来应对，找到比较合理的信念来替代，但要在生活中反复实践。"

小　结

本阶段的重点在于识别、矫正来访者潜在的功能性失调假设，这对预防抑郁情绪的复发有重要意义。这种功能失调性假设是通过童年经验形成的，是潜意识的，仅仅单纯运用认知方式，通过辩论或想象来改变来访者的歪曲信念常常难以取得良好效果。因此，本阶段应将重点放在早期发展的模式和起源，找到比较合理的替代信念后也要在今后的行动中反复练习。

治疗过程的思考

在上述典型的对话片断中，可以看到我对王女士在认知、情感和行为水平等方面进行的干预，目的是帮助她从思维、感受、行为上与困扰做斗争，帮助她获得与其价值观一致的积极成长。

针对王女士使用了多种认知行为治疗技术，不仅帮助她改善当前的抑郁、内疚、自责等症状，而且还试图改变那些会导致王女士复发的深层潜在的思维观念。我的目的就是使王女士认识到自己的问题是源于自己的认知方式。我希望通过治疗，王女士能够认识到自己的自动思维以及与自动思维相联系的行为，能以更现实的态度看待自己的问题，改变不合理的思维模式，能开始采取切实的方法解决在现实生活中遇到的问题。此外，也希望王女士可以理解自己潜在思维模式的发展起源以及如何被激发和强化。

在治疗过程中，我与王女士保持着良好的合作关系，我试图帮助王女士一步步走出不合理的认知模式迷宫。王女士刚进行心理治疗时承受了很多困扰和冲突，但她做到了勇敢地去面对、解决自己的主要问题，她乐于接受帮助，能够坚持采用认知行为治疗技术去对抗困扰。如果她能坚持采用恰当的方法去应对将来日常生活中遇到的问题或事情，相信不仅她本人，甚至她的家人、朋友都会从中获益。我真诚的希望能够如此。

认知行为治疗的关键点

一 不是事件本身而是附加在事件上的意义引发不同感受

一个人因与新冠肺炎病人甲密切接触而患病住院，他无法接受患病的现实，悔恨自己没有做好防护，继而陷入抑郁情绪；另一个人也因密切接触患者甲感染了新冠肺炎，但他不太担心，因为他看到有许多治愈出院的病人，他相信政府、相信医生，也相信自己一定能打败新型冠状病毒；第三个人则感到愤怒，因为他认为是病人甲的行为不当才导致自己染病。这三个人遇到了相同的事件，但却引发了不同的情绪反应，其主要原因就是因为当事人对事件的看法不同，即附加在事件上的意义不同导致的。

认知行为治疗理论认为情绪问题并不是个体头脑中的简单产物，为了理解一个人对生活中特定事件的情绪反应，就必须找出他赋予这些事件的意义；而且，一些无益的、歪曲的想法和观念（周围的人会歧视我，我完了）还会加剧对不利事件（患病住院）的影响。此外还需要注意的是，情绪反应除与不恰当的想法有关外，还会受到基因、人格、家庭、文化、环境以及发展等多重因素的影响，这些因素交互作用，构成了个体独特的有关自己、他人和世界的信念、假设。要改变人们的情绪反应，就要结合个体的人格、家庭、文化等特点，采用认知技术、情绪治疗技术、行为技术等，帮助来访者识别、应对自动化消极思维，发展出替代性的、更具适应性的、合理的观点来处理问题，改变他们对事件的认知评价。

二 常见的逻辑错误

为什么有人容易受情绪困扰，可能是由于他们的思维出现了错误的逻辑推理，即倾向于将客观现实向自我贬低的方向歪曲。常见的逻辑错误包括以下 7 个方面。

• 极端思维：非黑即白的绝对性思考方式。“你要么是可信的，要么是不可信的，就这么简单！”“没被传染新冠肺炎，就是身体好；传染了，就是身体不好。”

• 主观臆断：缺乏事实根据，草率下结论。面对新冠肺炎的疫情，认为“我完蛋了，我肯定逃不过这一劫了！”可能他根本没有症状，也不在疫区，周围的人也无异常。一位来访者，第一次会谈后就下结论“心理治疗对我没有帮助！”

• 以偏概全：仅根据某一时间或某一方面的细节就形成结论。如有人认为“我咳嗽了，我一定得了新冠肺炎。”“领导今天上班没有对我微笑，他对我的工作肯定不满意了。”

• 过度引申：根据一个小的失误或事件，做出一个关于人生价值的极端结论。如一次工作小差错，就认为自己这一辈子都完了；某次测体温 37.8℃，就认为身体素质不好。

• 夸大或缩小：用一种比实际大或小的意义来感知一个事件或情境。如“我的同事生病了，太可怕了！”

• 个人化：在没有根据的情况下，将一些外部事件与自己联系起来。如认为“家人感染了疾病，这都是因为我传染的！”由此产生自责、内疚。

• 错贴标签：给自己、他人或整个世界贴上一个宽泛且消极的标签。如“我不能像单位其他同事那样很好地理解他的话，这一定说明我很蠢！”不小心摔倒了，就认为自己是个倒霉蛋。

上述逻辑错误是所有心理困扰的根源，如果面对疫情或在日常生活中经常出现上述信息加工错误，其工作、生活则很可能受到消极影响。

三 认知行为矫正常用技术

除我们在示例中采用的家庭作业技术、情绪想象技术、给出建议等之外，认知行为治疗还有以下常用技术。

苏格拉底式提问：始于怀疑，终于真相，通过探究来访者的假设与逻辑，帮助其“打开”他们之前没有意识到的歪曲想法，从而看到自己的谬误。①概念澄清式提问：旨在准确把握来访者所使用的概念的内涵和外延，明确其遇到的问题，理解其内心感受。如“你想表达的准确意思是什么？”“你说的通过你肯定被传染了，具体是指什么？”②探索假设式提问：如来访者：“疫情太可怕了，可能会死很多人。”治疗师：“你为什么会有这样的假设？”“你如何证明这个假设？”通过提问，动摇来访者原来的想法，促进其认知改变；③探索证据式提问：如来访者：“疫情很严重，死了很多人，媒体都没有报道。”治疗师：“你是如何得出这一结论的？”“你为什么相信这是真的？”④针对观点的提问：如“对这个问题其他人可能会怎么看？”“别人不同的观点可能会是什么？”“还有其他的可能吗？”通过提问，帮助来访者开阔思路，引导其从不同视角重新看这件事情；⑤针对问题的提问：就是利用问题提出质疑。如来访者：“你又不是医生，你怎么能判断出我不一定被传染上了？”治疗师：“你问这个问题的目的是什么呢？”或“你问这个问题的理由或者想法是什么呢？”

通过苏格拉底式提问，双方进行深入交流探讨，来访者可以看到自己存在的概念模糊、假设的非理性等问题，看到事情真相，促使其改变认知，进而改变行为和情绪。

具体化技术：困扰来访者的重要原因之一就是叙述思想、情感、事件时常模糊不清、矛盾、不合理，此时，可采用具体化技术。提出“何人、何时、何地、有何感觉、有何想法、发生什么事、如何发生”等具体问题，协助来访者更清楚、更具体地描述问题。如来访者："疫情太恐怖了！"治疗师："你说的疫情太恐怖具体指什么？"来访者："我身边很多人传染上新冠肺炎去世了。"治疗师："你身边都有谁生病了？去世的是谁？"通过具体化，把被无限夸大了的事实还原回来。

角色扮演技术：当无法揭示来访者与他人问题中的关键思维时，可以使用角色扮演技术。这种技术既包含情绪成分又包含行为成分。治疗师非常逼真的扮演与来访者有冲突的人，使来访者产生真实感受；此外，要经常打断来访者，及时引导他领悟正是他自己的话造成了困扰；同时，引导他把不健康的情绪变成健康的情绪。

疫情并不可怕，可怕的是我们不能正确地看待它，合理的认知比能力更重要。疫情总会过去，生活还在继续，在未来的人生旅程中，你可能还会遇到这样或者那样的人或事，只要你能克服歪曲的思维方式，正确理性地看待生活，你的人生就会充满阳光。

（张银玲）

第五章 以“沙”窥“心”
——沙盘疗法

2020年初春，注定会成为每一个中国人都难以忘怀的记忆。突如其来的新型冠状病毒在极短范围内席卷全国，无论是确诊患病人数还是因病死亡人数均已超过2003年的“非典”，不仅给广大人民群众的生活和国民经济造成了严重影响，而且由于病毒肆虐而导致的恐慌、焦虑、抑郁、愤怒、哀伤等心理反应也给很多人带来了不小的困扰。为了有效抗击这场疫情，生物、医学、心理干预需要同步而行，其中针对各种心理反应的心理咨询干预方法也有很多。沙盘疗法作为在临床心理咨询中常用的手段，在战“疫”过程中帮助来访者宣泄情绪、获得心理支持、觉察内心以及提升心理能量方面可发挥积极作用。

一 沙盘疗法简介

沙盘疗法起源于英国伦敦的小儿科医生劳恩菲尔德（M. Lowenfeld）创立

的用于儿童心理治疗的世界技法（The World Technique），后由瑞士人多拉·卡夫（Kalff，D. M. 分析心理学派创始人荣格的弟子）结合荣格分析心理学中的“心象”（Image）理论发展创立了以荣格心理学原理为基础的心理治疗方法。

沙盘疗法，是指来访者在咨询师/治疗师的陪伴下，从玩具架上自由挑选玩具在装有细沙的沙箱里进行自我表现的一种心理治疗的方法，此种方法是在适宜的治疗关系基础上最大限度地发挥来访者的自我治愈力。沙盘疗法采用意象的创造性治疗形式，“集中提炼身心的生命能量”在所营造的“自由和保护的空间”气氛中，把沙子、水和沙具运用在富有创意的意象中，便是沙盘疗法的心理治疗创造和象征模式。来访者可在自己创造的沙盘世界中通过一系列的各种沙盘意象，反映了当下内心深处和无意识之间的沟通和对话，以及由此而激发的治愈过程和人格发展。

二 沙盘疗法在战“疫”心理服务中的运用

在时间和条件有限的情况下，沙盘疗法该如何开展呢？

沙盘疗法在当前心理咨询治疗过程中被广为运用，但在此次战“疫”心理服务中，心理服务需求大而心理专业人员有限，同时，从事战“疫”工作的人员普遍存在工作强度大、时间长、任务重的特点，传统长程的系统性沙盘疗法无法满足当前的实际心理服务需要。由于当前战“疫”中人员的主要心理反应以焦虑、恐惧、抑郁、哀伤、愤怒等情绪为主，因此实施沙盘疗法应突出其自由与保护、治愈与发展、发展与创造的基本原则，咨询师以无条件积极关注、认真倾听共感、耐心接纳陪伴为主要方法，相对弱化以荣格理论为基础的对于沙盘本身的分析解读，咨询师以“陪伴者”的角色鼓励来访者通过创立沙盘进行情绪宣泄、展开自我觉察探索，最终达到稳定情绪、提升觉知、增强内心力量的目标。沙盘疗法的作用过程见下图。

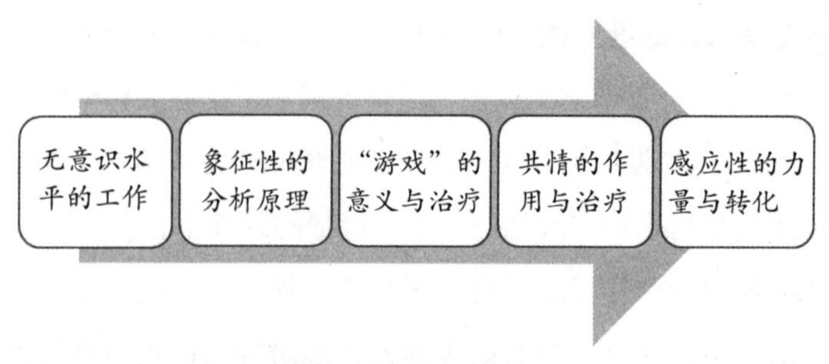

沙盘疗法的作用过程

沙盘疗法适合针对哪些人群开展呢?

在战"疫"过程中，大多数人的心理反应以不良情绪表达为主要方式，而沙盘疗法可通过来访者潜意识表达进行情绪宣泄并加以觉察分析，因此针对存在情绪困扰的个体是适合的。同时，某些来访者会存在由情绪导致的行为问题，比如攻击性行为（包括伤人或自伤）、与家人或同事朋友沟通困难等，也可以通过沙盘疗法加以解决。

战"疫"过程中的沙盘疗法应该如何开展呢?

与传统方式一样，战"疫"过程中的沙盘疗法同样分为五个阶段：创造沙盘世界、体验沙盘世界、浏览沙盘世界、记录沙盘世界、治疗性干预。前面四个阶段与传统操作方法一致，只是在治疗干预阶段，战"疫"心理服务的沙盘疗法更突出咨询师的共情与陪伴，鼓励来访者自我觉察探索，相对弱化来自咨询师的分析解读。

以下是一个我的咨询案例，我将以这个案例为例，和大家一起感受一下沙盘疗法的魅力。

背景介绍：

小王，男，25岁，某三甲医院呼吸科住院医师，从新冠肺炎疫情暴发到基本控制，作为医院第一梯队医疗人员一直从事一线工作。

（一）沙盘治疗的引入

一般来说，在常规咨询过程中，如果遇到以下情况，可以考虑采用沙盘疗法：（1）在咨询过程中，来访者卡住了，不好继续进行下去；（2）来访者无法用语言表达自己的感觉或者想法；（3）来访者感到自己心里阻塞；（4）出现一个强烈的无法了解的梦境；（5）显得咨询非常困惑；（6）在必须做出的决定中挣扎；（7）要解决一个为难的问题；（8）要修复一个他认为似乎已经准备要面对的创伤。

请注意：咨询师不要强行要求来访者进行沙盘创作，因为强行制作没有价值。

咨询师：“小王你好，非常感谢你对我的信任。请问你今天过来有什么想要跟我聊聊的呢？”

小王：“我今天早上刚下夜班从病房出来，尽管现在疫情已经得到了很好的控制，一切都在向好的方向发展，我们也不需要像疫情刚开始的时候那样身体、心理都处于高度紧张状态，但是我却体会不到别人的那种放松开心的感觉。每一天都感觉很累，想好好睡一觉但是又睡不着，一闭上眼就会做噩梦，就感觉又回到了当时的病房里，耳边一直有各种机器在响的声音。因为睡得不好，导致工作的时候精神状态很差，有几次下医嘱的时候都出现差错了，幸亏有同事提醒我才没有导致医疗事故。在来您这儿之前我睡了一会儿，费了很大的劲才睡着，梦到我负责治疗的一个新冠肺炎病人突然呼吸困难，我发现后马上对他进行抢救，可惜他还是离开了，接着我就被吓醒了，醒来后自己也觉得呼吸困难，特别难受。有时候在工作的时候，我也会觉得自己喘不上气来，很疲惫，我觉得自己可能心理上出现问题了。”

咨询师：“我想请问一下，你可以详细描述一下这种喘不上气来的感觉吗？”

小王：“觉得心里堵得慌，但是如果你问我具体是怎样的感觉，我也说不清楚，我只能说肯定不是病理性的胸闷和呼吸困难，总之就是很难受，无法详细描述的那种难受，感觉很不好。”

咨询师：“那你觉得这种感觉跟你之前一直在战‘疫’一线工作有关系吗？”

小王：“应该有吧，但是我也说不清楚。其实，这次的疫情发生得挺突然的，好像一下子情况就很严重了。我是呼吸科医生，肯定是第一时间进入一线的，然后就立马进入了高强度的工作状态，那时候脑子里也没什么别的想法，就是想着救人要紧，那时候没时间也没精力关注自己。反倒是现在一切都过去了，我反而感觉自己的状态越来越差。”

咨询师：“听起来目前你自己也很难描述当下的感受，那么我们可以借助沙盘来一起探索一下当下你内心的体验是怎样的，你愿意试试吗？”

小王：“好的。”

（二）体验沙盘作品

1. 第一阶段：向来访者介绍沙盘治疗

咨询师：“现在在你面前的是一个沙盘，旁边的这些架子上有一些道具。一会儿你可以借助道具在这个沙盘上摆出一副作品。对于这幅作品没有特殊的要求，你只要按照自己内心的想法去做就可以了，在整个过程中也不需要过多进行思考。摆放过程没有时间要求，当你觉得自己完成了，请告诉我。你还有什么疑问吗？”

小王：“没有了。”

咨询师：“好的，那你随时可以开始。”

2. 第二阶段：构建沙世界

在沙盘制作的过程中，咨询师要注意以下细节：

（1）注意来访者接近沙箱、选择玩具以及创造世界的方式，来访者的特点要予以记录（沙盘作品记录单见附录）。

（2）要注意来访者挑选玩具的属性，如颜色、质地、尺寸、形状和大小比例。

（3）来访者移动玩具时候的形态举止。

（4）玩具朝向的方向，玩具在沙箱的位置。

（5）记录沙盘制作开始的时间和结束的时间。

咨询师要特别注意的是：在来访者构建沙世界的过程中，请暂缓（不要试图进行）自己的任何诠释和假设，即便是产生了，也只能在治疗阶段和来访者进行探讨。

（三）体验和重新配置

1. 体验阶段

咨询师：“你现在已经完成了你的作品。你面前的这个世界是属于你自己的世界，花一些时间畅游其中，让它接触你的内在，不只用你的眼睛，同时也要用你的所有的感官来经验它、探索它，并且了解它。你可以保持沉默，或者和我聊一聊你当下的想法或者感受。”

2. 重新配置阶段

咨询师：“你已经全部观察和感受过了，那么你现在是否确定它就是你希望要的样子，或者你可能发现你想要对目前的世界进行改变。你现在还可以移动任何道具，添加或者移出任何你觉得合适的道具。”

小王：“没有了。”

咨询师：“好的，那我们一起来感受一下你刚才所创造的世界。”

小王的沙盘世界

（四）治疗阶段

1. 倾听来访者的故事阶段

请注意：这个阶段咨询师要做的是引导、接纳、倾听和不解释。

咨询师："小王，你可以向我介绍一下你创立的这个世界吗？"

小王："这两幢楼是我们医院，那个围墙代表病房，里面有很多新冠肺炎患者，外面的那个人是我，我站在病房外面往里面看，右下角是一个庙，里面有观音，代表着一种庇佑吧。"

咨询师："你自己现在就是工作在一线的医生，而在你创立的这个世界里，自己是站在病房外面的，你是怎样想的？"

小王："摆的时候没有想过，您这么一说，我觉得自己不像工作在一线的医生，更像一个旁观者。这种感觉很奇怪，我一直是在一线的，算是自始至终的亲历者，我怎么会认为自己是个旁观者呢？"

咨询师："这的确是一个值得思考的问题。那么，你觉得会是什么让你产生这样的感觉呢？"

小王："可能是像我梦里出现的场景那样，我治疗的病人都死了，我自己好像并没有做到一名医生该做的事情。"

咨询师："可以具体描述一下你的这种想法吗？"

小王："就像这个小人一样，虽然我这段时间一直都在一线，但内心总有种并没有完全投入进去的感觉。虽然每天上班都很忙也挺辛苦的，但我觉得在心理上是隔离的，面对病人的时候也只是在机械地例行常规检查治疗，完全感受不到有的同事表现出来的那种强烈的责任感。但我又觉得作为医生，我不应该这样，所以不知道该怎么办。"

咨询师："现在请你看着沙盘中的这个小人，你觉得他当下心里在想什么或者内心的感受是怎样的呢？"

小王："他心里在想：现在做这些事情有什么意义呢？每天投入那么多时间、金钱、人力、物力，可是到头来不还是有那么多人死掉了？我自己真的很没用，作为医生应该把病人救回来，但是每天还是有那么多病人会离开。我觉得自己是医生，应该竭尽全力去救人，可是又觉得自己很没用。”

咨询师：“听起来你的内心充满了纠结和矛盾，一方面认为治病救人是自己的职责，但另一方面又感到自己没有能力完成。”

小王：“差不多是这样的。”

咨询师：“那你能再介绍一下沙盘中的两幢楼吗？”

小王：“就是代表着我现在工作的医院，没有什么特别的意义。”

咨询师：“可是我看到这两幢楼上面和周围有一些昆虫，你是怎么考虑的呢？”

小王：“昆虫是代表着一种自然环境吧，有蝴蝶这种比较美好的东西，也有臭虫这种不太美好的东西。我心里可能也是这样的吧，有积极阳光的一面，但是也有阴暗抑郁的一面。”

咨询师：“你刚才还提到了摆的观音，代表着庇护。”

小王：“是的，今年的疫情真的很严重，我那时候每天都会祈祷，如果真的有那些神秘的超能力，那就快点保佑我们度过危机吧！”

咨询师：“那我们一起从整体上看看你创立的这个沙盘世界，你可以用几分钟再进行一些观察，并且尽可能去感受一下里面的那个小人的感受。（几分钟后）可以跟我讲一讲你现在的感受吗？”

小王：“如果我是那个小人的话，应该是感觉挺无助的，很苦闷，不知道该怎么办，很矛盾也很迷茫。”

在倾听过来访者的故事之后，咨询师可以根据来访者讲述的故事内容，结合相关理论和来访者的情绪表达进行介入引导治疗。

2. 治疗性介入阶段

在这一阶段，主要目的是鼓励来访者更广泛地去经历、体验和探索世界或者世界的一个特定场面，借助咨询师的分析引导，体察内心，学会从不同的角度去思考，从而疏泄当前不良情绪，形成新的认知。这一阶段通常需要10~15 分钟，当时间快到的时候，咨询师可以告诉来访者“今天的时间快要到了，现在你可以按照自己的意思，保留这个世界，也可以调整这个世界，或者拆除这个世界。在拆除这个世界之前，请再体验一下你创造的世界，给它起个名字。”

在治疗介入阶段，需要咨询师根据相关理论对来访者进行分析引导，因为来访者建构的沙盘世界不仅停留在意识层面，还包括无意识层面可能的意义。在荣格理论体系中，每一种道具都是日常生活中某个元素的缩影，在潜意识层面具有一定的象征意义。但是需要注意的是：象征是相对稳定和绝对变化的统一，不同的道具会因来访者的不同而不同，咨询师所要做的是倾听来访者的叙述，根据来访者表达的内容和情绪与来访者一起探讨道具可能存在的意义，而不要硬套其象征意义，否则，那很可能是咨询师自己内心的投射。

在沙盘疗法中，道具的空间配置具有怎样的象征意义呢？

沙盘疗法的空间象征意义见下图。但是不论什么时候，我们必须重新考虑这些一般性的解释标准，把它与来访者的个人发展水平和实际生活情况结合起来，不能机械照搬。

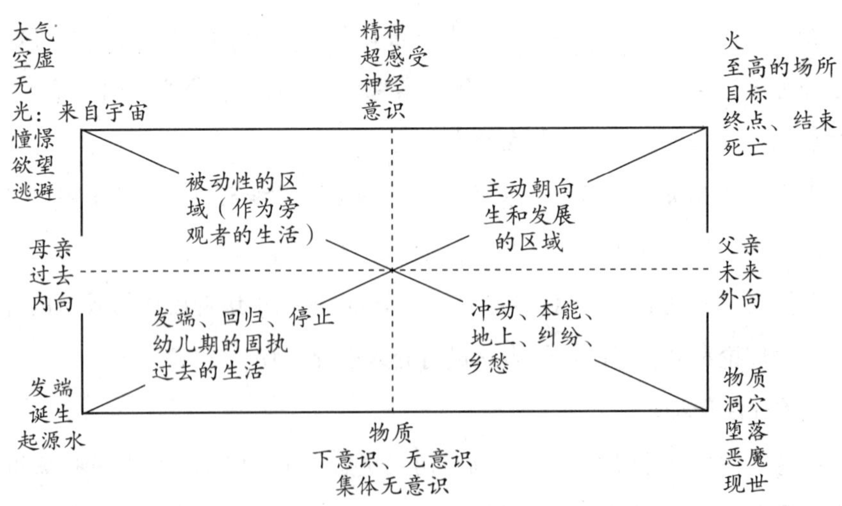

沙盘治疗中空间的配置（选自木村晴子 1985《箱庭疗法》）

在沙盘治疗过程中，我们应该怎样分析理解来访者所创作的沙盘作品的意义呢？

在沙盘疗法中，咨询师需要在共情和陪伴的基础上与来访者一起共同分析理解。尽管不同种类的道具具有一些相对共性的象征意义，但这并不是绝对的，因为每个来访者的成长经历、文化背景、人生观、价值观等都有所不同，不能一概论之，分析沙盘的过程，最需要重视的是沙盘整体的印象，即关注“整合性”。

沙盘的创作本身就是一个自性化的过程，关于作品的整体带来什么样的印象比生硬地分析每个道具表现出的所谓的意义更有价值。在治疗介入阶段，咨询师需要引导来访者逐渐探索整个沙盘作品表现出来的情绪和意义。咨询师需要特别注重过程和变化，在与来访者一起分析和讨论的过程应该体现出系列性理解。比如作品在讲什么故事，如果是一系列的作品，它们之间是不是有联系，故事是怎么产生的、怎么变化的、故事的结局是什么，每一个主题之间是怎么联系的，空间是怎么展开的，展开的空间是不是有联系的；空间的配置具有怎样的特点，比如是分离、粗杂、贫乏、机械性、固定性的，还是完整、丰富、细致、灵活的等；之后可能出现怎样的变化和改变，这些变化和改变是如何发生的，随后的情绪和想法发生了哪些改变，改变之后与之前相比自我感觉会有怎样的变化，来访者自己如何看待这种变化等。

对于沙盘的主题，通常会包括以下内容：

（1）自我像；

（2）曼陀罗（太极），在荣格心理学中曼陀罗的表象作为整体性的象征；

（3）防卫的减弱化，比如门和栅栏被打开，意味着变化的开始；

（4）争斗，既表现冲突又表现整合的过程；

（5）死与再生，有明确显示变化过程的表现，比如既有建筑物被破坏，又有人物被埋在沙里（死）；在接下来的展开中，人物从沙里显现出来，建筑物被再建起来（再生）；意味着到此为止的人格部分的结束，新的部分开始了；

（6）领域的扩大，使用的领域渐渐扩大，意味着适应性、自我力量的提高；

（7）过河，正揭示着变化的过程，迈出了一步；

（8）加油，表示心理性能量的补充；

（9）起程。

咨询师：“刚才你向我描述了你所创立的沙盘世界，以及当下自己的一些感受和想法。接下来，我们一起来探讨一下你的作品好吗？”

小王：“好的。”

咨询师：“根据你刚才的讲述，整体上来看，你创立的这个沙盘世界表达了一种迷茫、矛盾甚至内疚自责的情绪，反应的是你当下的工作和生活状态。”

小王：“是的。”

咨询师：“那么你觉得，你创立的这个沙盘世界与你现实的生活有哪些异同呢？”

小王：“应该就是我现在生活状态的写照吧，迷茫、纠结、无力，唯一不同的可能就是在沙盘里有观音庇护，即便有人犯错了或者没有能力去完成，观音也会保护其他人不受伤害，而在现实生活中没有人可以替我这样做。”

咨询师：“你的内心渴望在现实中也会有这样一种力量来庇护你吗？”

小王：“应该是吧，我希望能够有一种强大的依靠甚至庇护，在我犯错的时候，或者是当我没有能力完成的时候可以助我一臂之力。”

咨询师：“那你觉得在我们的现实生活中谁能够庇护你，给你期待的帮助和支持呢？”

小王：“我知道其实没有这样的人啊，所以觉得自己特别没用，自己能力达不到还想要依靠外力（苦笑）。”

咨询师：“你觉得这是你内心感到苦闷的原因吗？一方面希望有人可以来帮助你，另一方面自己又会瞧不起想要寻求帮助甚至‘观音’庇护的自己。”

小王：“嗯，是这样的感觉。”

咨询师：“我现在请你看着你刚才创立的沙盘，你刚才说里面的小人在面对病人的时候充满苦闷和纠结，那么你觉得，如果情况允许，他做些什么可以缓解他的这种情绪呢？如果你想到了，可以对你之前创立的沙盘做一些改变。”

小王：“（思考了一会儿，将小人的位置从之前的象征病房的围墙外放到了墙内）我觉得他还是更积极一点，让自己更投入，而不是选择做一个旁观者。”

咨询师：“那你觉得如果是在自己的日常工作中，可以怎样做呢？”

小王：“让自己对待工作更投入一些，不要总是想着依靠外界的力量来帮助自己，而是自己多学习、多实践，不要那么在意一时或者一次的结果，而是能够从参与治疗的每一位病人那里有所收获。”

咨询师：“很高兴你自己能够很快找到帮助自己走出当前困境的方法。”

小王：“（不好意思地笑笑）或许自己心里一直都知道该怎样做吧，但是却总觉得自己迷迷糊糊的，具体的想法并不明确。刚才完成沙盘之后你让我用心观察感受的时候，我看到那个站在墙外的小人，好像一下子看到了现在的自己，然后我明白了，我需要自己主动走进去，而不是等着别人来‘拯救’我。”

（五）记录阶段

在沙盘治疗过程中，咨询师需要认真观察并记录来访者每一次摆放沙具的类别、次序及空间位置（沙盘记录单请见附录），这对在治疗介入过程中的分析讨论具有十分重要的意义。咨询师应该观察的事项包括：

（1）沙子、物件的利用情况；来访者是靠近还是远离了某个物件。

（2）选择和放置物件的顺序和方式；哪些物件被选择，哪些物件虽被触及却又没被采用；吸引来访者的或者被来访者排斥的物件。

（3）来访者创造沙世界的方式：速度、强度、物件等。

（4）空间的运用：物件的摆放位置，比如是聚集在一起，还是被放在空旷区域里。在沙盘中所做的改变：物件和沙子的增加、移除、移动和分离。

（5）物件面对的方向。

（6）非语言线索：面部表情、肢体语言、叹气。

（7）来访者在命名物件时所运用的语言。

（8）被丢弃的和被隐藏的物件。

等来访者所有摆放完成之后，需要对其所创立的沙盘世界进行拍照记录，目的是为整个沙盘留下记录，也是对来访者心路历程的一种纪念。拍照时最好从作品正面斜上方将整个作品摄下，尽可能保证拍摄作品的完整性。等拍照完毕后，如果来访者同意就可以拆除作品了，一般这个拆除过程让来访者自己完成，其目的也是希望让来访者从创立沙盘形成的虚拟环境回到现实之中。

（六）过渡

当完成意识性的工作之后，咨询师要帮助来访者回到现实中，帮助他们把沙盘世界与现实进行连接。有很多方法可以帮助来访者把沙盘世界与现实世界的生活议题或回忆连接起来，可提出下列问题帮助来访者在此次咨询结束之后进行更为深入地思考：

（1）请问你现在的感受是怎样的？

（2）经过了思考、创作、观察、分析以及思考的过程之后，你觉得自己在哪些方面出现了一些变化，这些变化会对你当前的工作生活产生影响吗？如果有，你打算怎么做呢？

（3）还有什么问题或者想法愿意和我分享吗？

咨询师："今天的时间差不多快到了，我们一起回顾一下刚才的过程。通过刚才沙盘的创立，然后我们一起做了一些分析和思考。请你感受一下，你现在的心情跟刚来咨询室的时候相比，有什么变化吗？"

小王："感觉轻松了一点，没有那么焦灼和迷茫了，好像知道自己现在应该做些什么了。"

咨询师："这是一个很棒的发现，可以具体讲一讲吗？"

小王："其实就是觉得自己每天认真做好本职工作，好好地做一个医生应该做的事情，每一天的工作都认真对待，我相信自己能够越来越好的。”

咨询师：“你能够这样想我感到很高兴。其实，你从疫情开始就一直工作在一线，作为医生付出了很多的辛苦和努力，希望你可以看到，其实你自己一直是在努力的。”

小王：“谢谢您看到了我的努力，我会继续加油的。”

咨询师：“那么，我们今天的咨询暂时先到这里，如果你有任何问题，可以再与我联系，好吗？”

小王：“好的，再见！”

（七）作品的拆除

沙盘对话结束后对于作品的拆除问题目前有两种观点：

一种观点认为，来访者在离开沙盘治疗室之前，应该保持作品原封不动，这有助于来访者在头脑中保存所制作的沙盘作品的印象，也令其有安全感。有些来访者认为作品是自己创造的，表现的是自己的内心世界和能力，会舍不得拆除，如果强行拆除可能会由此产生不安和失落，以至于影响他下一次沙盘治疗时的配合和表现。

另一种观点认为，应该在来访者离开沙盘治疗室之前让来访者自己拆除沙盘作品。对于有些来访者来说，创造之后拆除，有助于消除过去经历对于他们内心的影响，拆除沙盘代表着对于过去的结束以及对于崭新未来的开启，同时也可以帮助来访者更快地从沙盘所创造的虚拟世界中走出来，增强现实感。

对于是否要在来访者离开之前拆除其沙盘作品，应该征求来访者自己的意见。如果来访者不愿意自己动手拆除，那么咨询师需要告诉他，等他离开之后咨询师会帮他将作品拆除。咨询师在拆除作品时，先不要急于动手，最好能够对照着拜访过程中的记录再将整个过程仔细回忆一遍，体会来访者在刚才过程中的情感变化，以及自己在整个过程中是否有疏漏之处。

如果来访者愿意自己动手拆除，同样需要在咨询师引导下完成。首先拆除的沙具应该是代表着来访者认为最重要或者最需要解决的问题的部分，在拆除过程中，咨询师要随时注意观察来访者的情绪变化，可以告诉来访者“我会陪在你的身边，如果有需要，你可以随时跟我讲一讲你的感受或者想法。”

三 团体沙盘疗法在战“疫”心理服务中的实施原则及方法

为了抗击此次新型冠状病毒，举国上下付出了大量人力物力财力，全国各地区都派出了大量医护人员战斗在临床一线，同时还有其他相关行业人员也投入到了各项工作中，参与人数之多、工作范围之广、工作强度之大都是历史罕见的。这是一场没有硝烟的战斗，更是需要每一个成员组成的小团队、大团队相互协作、齐心协力才有可能完成的战斗。因此，战“疫”心理服务不仅要关注个体，同时也要关注团体功能的有效发挥，在这个过程中，团体沙盘疗法具有得天独厚的优势，因为有实践表明，团体沙盘在加强团队成员心理支持、改善团队间的人际互动、促进团体和个体成长都取得了很好的效果。同时可以预测的是，在疫情逐渐趋于稳定之后，会有相当数量的人会提出心理咨询甚至心理干预的需求，相比之下，心理专业工作从业人员的数量与实际人员需求之间会存在较大差距。因此，在基本条件满足和情况允许情况下，针对同质性团体开展团体沙盘，不失为一种更为高效的心理干预方法。

与个体沙盘相比，团体沙盘有何异同呢?

团体沙盘治疗方法所需条件和个体沙盘是一样的，在沙盘治疗室配置上没有特殊的要求，只是需要一台电脑以显示照片，不过一般采用的是限制性团体沙盘。所谓限制性团体沙盘，是指有一定规则限制的团体成员按照事先约定的方式，可以用各种随机的方式来产生次序，所有的成员完成一次即一轮，整个过程不允许成员间进行任何语言和非语言的交流和互动。

团体沙盘疗法应该如何实施呢?

首先，开展团体沙盘需要参加的个体具有同一特征或者面临相同问题，最好是战“疫”工作中同一个工作小组的成员。

其次，进行团体沙盘疗法之前需要向全体成员介绍实施的基本规则。指导语如下（仅供参考）：

在抗击新型冠状病毒的这场战斗中，我们整个团队成员都付出了极大的辛苦和努力，在整个过程中，我们携手并肩克服了一个又一个困难，体现出了极强的团结互助精神。但同时，我们也遇到了一些问题。很多时候，我们很想跟团队的其他成员聊一聊自己的想法或者感受，但是有时候会觉得可能用语言表达不清楚或者不全面。那么今天我们可以借用沙盘这个工具，和其他成员一起用一些道具来制作一个作品。这不是心理测验，我们也不对每个人摆放的玩具进行分析，没有对错之分，只是按照自己的想法选择摆放玩具和动沙，将自己的想法表现出来就可以了。摆放的次序抽签决定，每人每次可以动沙、摆放一个玩具或者一套玩具，不许拿走别人的玩具，但是可以移动，如果移动了自己的玩具或者别人的玩具则本轮不可以再放玩具。在制作过程之中，成员之间不能以任何方式进行交流。

第三，在制作团体沙盘过程中，咨询师要帮助团队成员做好记录（用专门的记录表，见后面附录）。记录的内容包括每个成员的制作情况，摆放玩具的个数、名称、摆放的位置；如果动沙子，则要记录沙子前后的变化等，以及每一轮使用的时间等。要在每一轮次结束后，给沙盘作品照一张照片。当所有轮次结束后，咨询师要组织成员进行讨论，讨论的顺序按照摆放时的顺序进行，这时可以将每一轮拍摄的照片存放在电脑上，然后大家针对每一轮次照片进行讨论。讨论的内容主要是摆放玩具的意图，对他人摆放玩具的感受，对作品的整体构思等，最后还要讨论作品的主题。因为在讨论的过程中，每个人会将在制作过程中没有交流的东西表达出来，会增进成员之间的交流，也会促进成员之间的理解。

第四，在讨论完成之后，咨询师可以征求团队成员的意见。如果大家都很愿意拆除，则可以咨询师与大家一起拆除，如果有成员流露出不愿意拆除的意愿，可以等大家离开后由咨询师自己拆除。在整个制作过程中，咨询师的作用如同个体沙盘治疗一样，是一个见证者和陪伴者，同时还是引领者以及良好气氛的营造者。

在开展团体沙盘疗法的过程中，需要有哪些注意事项呢？

1. 成员之间一般要通过一定的方式随机决定制作次序，每人每轮只能要么动一次沙子，要么只能放一个玩具（或者几个一样的玩具或者一套玩具），不能拿走他人或者自己摆放的玩具，但是可以移动，移动一次就算一次，不能再有其他动作。

2. 时间和轮次没有特殊规定，一般不要超过一次咨询的时间（相比个体咨询，团体咨询时间可适当延长），由咨询师把握。一般的制作过程要经过几个轮次（根据团队人员数量决定），可能是五次，也可能是六七次，这需要咨询师把握。一般感觉沙箱里的玩具已经足够多，或者场面比较完整，就可以提前一轮提示，告诉团体成员再进行最后一轮或者两轮玩具的摆放。在制作过程中，如果有某个成员不想摆的话，可以选择在某一轮次放弃。等所有轮次结束后，要提醒最后制作的人有机会对整个作品进行修饰，也可以放弃这个机会。制作结束前，最后一个人有权利对作品进行最后的修饰，但是也可以放弃。

3. 在制作过程中，成员之间不需要各种方式的交流，不要用各种方式向他人表达自己的意图。

总　结

沙盘疗法的理论根源来自于荣格心理学，同时融合了人本主义、格式塔和整合性动力等心理治疗方法，当前已成为表达性艺术治疗主流形式之一，不但可以起到心理诊断与治疗的作用，同时还可以起到心理辅导与教育的作用，在临床实际运用中日益为更多的人所接受和欢迎。

沙盘疗法以来访者自身体验和经历为主，强调非言语性和非诠释性，本质上是在个体无意识层面上的工作。因此，在治疗中，这种象征性层面的理解是指导咨询师工作的重要线索，帮助咨询师理解个体在沙盘中所表达的信息，但不要对来访者进行明确的象征性诠释或评论，进行沙盘疗法的最终目的是帮助来访者在自身经历上体验每种象征上所依附的无意识层面，通过沙具建立来访者物质与心灵之间的联系，在咨询师的帮助下来访者才可能真正打开它所赋予无意识之门的意义。

（董薇）

附　录

沙盘作品记录单

姓名：　　　　性别：　　　　年龄：　　　　作画时间：

主题：

治疗师 / 记录者：

第六章

顺其自然，为所当为

——森田疗法

森田疗法是目前国内心理疗法中实用性较强的一种方法，它融合了精神分析、认知行为以及中国传统文化宗教的思想内容，对于社交恐惧、焦虑障碍、适应障碍以及失眠等心理障碍都有独特的疗效。下面是我采用森田疗法缓解失眠的电话咨询案例。

【案例】蔡某，女，37 岁，已婚，疫情期间经常翻阅疫情相关信息，看到不断上升的感染病例数据，每天惶恐不安，夜不能寐，电话求诊。

许医生："你好！我是许医生，请问怎么称呼你，有什么可以帮助你的吗？"

蔡女士："许医生，你好，我姓蔡，我最近一直睡不好，人很难受，你能帮帮我吗？"

许医生："没问题，能跟我先说一下你的基本情况吗？比如年龄、职业、婚姻状况。"

蔡女士："我啊，今年快 40 岁了，结婚也有十五六年了。我是在公司做会计的，现在因为疫情的缘故一直待在家里。眼看快要复工了，我担心上班会增加传染的概率，又担心睡不好觉，会影响工作。”

许医生：“嗯，好的，请你具体说说怎么个睡不好法呢？”

蔡女士：“最近，我晚上9点多就上床准备睡觉了，结果到两三点才能睡着，白天困得要命，可躺在床上翻来覆去也睡不着，实在太痛苦了。”

许医生：“嗯，嗯，那的确很难受啊，这种睡不着的情况从什么时候开始的呢？”

蔡女士：“具体时间我也想不起来了。我以前睡眠也不大好，不过，每天晚上还能保证六七个小时。这次疫情开始后，我每天都在手机上看相关的报道，越看越紧张，这次疫情太可怕了，那么多人感染了，传染性又那么强，吓得我晚上也睡不好，满脑子都是疫情的消息。”

许医生：“嗯，嗯，每晚都是这样吗？”

蔡女士：“刚开始只是偶尔这样，我也没太在意。后来看报道说，抵抗病毒感染最重要的就是要提高免疫力，我想着无论如何一定要睡好觉，谁知道，越想睡好觉就越睡不好，现在几乎每天都这样，一到晚上我就开始担心又要失眠了，你看我这日子还怎么过啊？”

许医生：“嗯，越想睡好就反而越睡不好，你说的这种情况其实还蛮有代表性的。能跟我说说看，为了保证睡眠，你是怎么做的呢？”

蔡女士：“我以前很爱喝茶的，现在到了下午我就坚持不喝茶了，每天晚上我都早早地洗好上床，叫家里人都不要打扰我，结果翻来覆去都睡不着，早晨7点不到就醒了。因为现在晚上睡不好，白天疫情搞得哪里也不能去，我就躺在床上休息，我想虽然睡不着，也可以补补元气。”

许医生：“平时你有什么兴趣爱好吗？”

蔡女士：“我也没啥特别爱好，就是追追剧，养养花草。由于疫情闹的，追剧也没心情，花草也懒得打理，我想着睡好了才能干事，现在我天天就在家里闷着，我爱人拉我在小区里散步我也不愿意。医生，我这睡眠怎么办啊，还能调整好吗？”

许医生："我觉得调整好应该没什么问题，不过，我还有个问题，你所谓的睡眠好是什么一个标准呢？"

蔡女士："我觉得啊，睡眠好一定得有七八个小时的深睡眠，晚上最好9点或10点左右躺床上就能睡着了，白天精神一定要好。"

许医生："看来你对睡眠的要求可不低啊！刚刚听你说了半天，发现你对睡眠还是有很多错误的认知，我想我们还是先来一点点剖析。首先，睡眠的确对我们每个人都很重要，但我们往往以时间代替质量，似乎睡的时间越多越好，你对睡眠时间的要求似乎就很高，实际上我们身边有很多人每天只睡四五个小时，白天照样精力充沛，所以我们常说，睡眠时间并不重要，重要的是睡眠的质量。"

蔡女士："嗯，医生你说的我都明白，我也希望不关注睡眠时间，只要有好的睡眠就可以了。但是现在每天晚上我躺在床上半天都睡不着，白天很困又睡不着，搞得我什么事也做不好，现在我都想辞职不干了。"

许医生："你说的话很有代表性，很多人都是医生一说就都明白，但是实际上并不明白，也不会把知道的正确知识应用到日常生活中。你知道为什么我们很多失眠的人越想睡好就越睡不好呢？"

蔡女士："许大夫，这个问题其实也一直困扰着我，你跟我说说呗。"

许医生："这里面的原因可以用森田疗法理论'精神交互作用'来解释。疫情发生后，很多人都会出现焦虑紧张的情绪，情绪来了就有可能影响睡眠，偶尔的失眠其实也是正常现象。但具有森田神经质这种性格的人往往容易过度的关注，越担心失眠就会在不断的自我暗示下形成注意力固着和感觉过敏的现象，从而加重了失眠的感觉和体验，这样就会更加的焦虑，到头来睡眠也就越来越差。这就是精神交互作用。"

蔡女士："许大夫，我似乎明白了，难怪我越想睡好，就越睡不好。"

许医生："是啊，这就是禅语里面说的'求而不得，愈求则愈不得'。偶尔一次的失眠只是带来轻微的疲惫感，但过于关注是否疲惫，就会觉得疲惫不堪。过于在意自己的脑力状态，一旦脑力状态下降就会感到焦虑，对不适感和焦虑情绪的过于关注，又会影响白天的工作和生活，从而进一步增加失眠的焦虑感。久而久之，远离了正常生活，失眠也会越来越频繁。”

蔡女士：“嗯，明白了。对了，您刚才提到的什么森田神经质是一种病吗？”

许医生：“森田神经质也是森田疗法中一个重要的概念，不是一种病，而是一类性格。典型的森田神经质主要指的是内向敏感，又很追求完美的性格特质。刚刚跟你交流了一下，我感觉你身上或多或少有点森田神经质。”

蔡女士：“许大夫，你这样一说，我还真有点森田神经质。我的职业是会计，工作要求不能有一点差错，所以做事很小心；我老公平时经常出差，家里也是我操心的多一点，爱担心，好想事情。他们都说我要求高，但我不觉得我要求标准高啊。”

许医生：“很多要求高的人自己都不觉得要求高，这恰恰说明了追求完美。比如，有洁癖的人觉得自己打扫卫生标准已经很低了，拼命抓孩子学习的学霸父母觉得自己对孩子学习的要求已经是最低标准了，你对睡眠的要求也不低啊，要求不能有偶尔的失眠，每天必须睡足七八个小时，白天精神一定要好，晚上几点必须睡着等等。”

蔡女士：“那我该怎么办呢？睡眠不好太痛苦了，现在我几乎每天一有空就躺着，我什么也不想做也做不了。”

许医生：“我送给你八字真言，也是森田疗法里最重要的治疗精髓，‘顺其自然，为所当为’。”

蔡女士：“许大夫，不好意思打断你一下，我想插一句话。我以前在网上也看见过森田疗法，我也知道‘顺其自然，为所当为’，但是我无论怎么努力尝试顺其自然，结果睡眠还是不好，这个方法好像对我没什么用。”

许医生：“嗯，不仅仅是你，的确有不少人有类似的情况，这里面的问题是对‘顺其自然，为所当为’的理解有偏差。有些人，一睡不着就开始默念‘顺其自然、顺其自然……’，总想着通过默念就把失眠赶跑了，发现没效果就认为森田疗法不起作用；还有的每天无论做什么都在琢磨是不是顺其自然了，结果搞得自己头昏脑涨，疑神疑鬼，最后反而陷入了新的强迫思维。”

蔡女士：“我听明白了，许大夫，你能告诉我‘顺其自然，为所当为’到底怎么做呢？只要能把我的睡眠调整好，吃再多苦我都愿意。”

许医生：“可以简单地分成两部分来理解‘顺其自然，为所当为’。顺其自然，意思是把所谓的症状原封不动地放在那里，你越想排斥症状，其实反而会强化了症状。当然，也不是被动地放弃或者忍受，而是主动积极的应对。为所当为，就是该做什么就做什么，这里的‘做’是要发挥内心‘生的欲望’，进行有建设性的行动，尽量挖掘自己的潜能，更好地生活。”

蔡女士：“许大夫，您说的我似乎有些明白了。但是我还是很担心，你那边有没有人靠森田疗法把失眠看好了呢？他们具体是怎么做的呢，你能跟我也说说吗？”

许医生：“好的，没问题，我就跟你说说几个真实的故事吧。”

故事一　对付失眠的办法就是顺其自然，睡不着也不要紧，反正死不了

A 君曾经被失眠困扰和折磨了 20 年，每当第二天有重要的事时，他就很自然地担心睡不好，第二天事情也会做不好，结果担心什么就来什么。最严重的一次是几天几夜完全没有入睡，当时的痛苦心情可想而知。最后 A 君彻底放弃了，这辈子睡不着就算了，最严重的不就是死嘛！当他抱着一死的态度时，那晚黎明的时候竟然睡着了。从那以后，每当失眠的时候，A 君就顺其自然地躺着，或者看些书，自己跟自己说，睡不着也没关系，缺几天睡眠对身体影响不大，慢慢地睡眠反而比以前好多了。

故事二　斩断反复失眠怪圈的法宝就是任其失眠、随其失眠、与失眠为友

B 君也曾被失眠困扰，后来接触了森田疗法，慢慢调整了出来。他认为人的一生中某个阶段都曾有过失眠的体验，绝大多数失眠都是由心理原因所致，心理矛盾化解了，睡眠也就自然正常了。然而有些人对失眠产生了不必要的恐惧和担心，认为“失眠会严重影响人的身体健康”，并在大脑里形成了一个顽固的负性信念，导致恶性循环，陷入了失眠恐惧的怪圈。每天十分渴望睡眠，又很惧怕睡眠，唯恐失眠，以致惧怕夜晚的到来。要想睡眠好，

就要按照正常作息全身心地投入工作和生活，到点就上床，睡不睡由它去，白天多参加体育活动或是体力劳动，并怀有一颗宁静、淡泊、豁达、宽容之心，修身养性，失眠也就不治而愈。

故事三　践行森田疗法后虽然不能保证以后不失眠了，但再也不为失眠而痛苦了

C 君有 3 年的失眠经历，按照森田疗法的理论实践以后，他发现有两个好的效果：一是不再为睡不好觉而影响情绪；二是认清了睡眠和生活的关系。他认为以前失眠的时候，不管白天或者晚上看书，只要看不进去就认为是睡眠不好造成的，进而特别痛苦，一天到晚都在想着失眠，觉得睡不好就做不好任何事情，也没办法享受生活了。但现在把睡眠与生活分开，哪怕睡不好，也坚持学习工作生活，渐渐地忘记了昨晚没睡好带来的不快，即使偶尔有失眠，也不那么痛苦纠结了，更不会影响工作和生活。

蔡女士：许大夫，听了你说的这几个人的治疗体会，我有信心了。我以前对失眠太关注了，越关注就越睡不好。

许医生：是啊，失眠最大的问题不是失眠本身，而是你对失眠的认知或者说是对失眠的看法。如果你把失眠的问题想象得无穷大，每天都在想着摆脱失眠的困扰，甚至为此放弃了正常的工作生活，每天躺在床上或者闷在家里，那就大错特错了。

蔡女士：嗯，我明白了。请你告诉我，现在我该怎么做呢？

许医生：治疗失眠，关键有三：

一是要认识到睡眠是一种自然现象，累极了自然会睡着。而且个体差异很大，不能强求自己一定要每晚睡足几个小时，因为这是理智控制不了的，自己主观上各种努力反而有可能帮了倒忙。

二是要用行动打破失眠—预期焦虑—失眠的恶性循环，少想多做，该做什么做什么。吃饭的时候专注吃饭，喝水的时候专注喝水，走路的时候专注走路，把注意力有意地放在眼前该做的事情上，这本身就有治疗作用。

三是学会科学睡眠，规律睡眠。什么时候睡觉，什么时候起床一定要规

律起来，每个人大脑里都有一个生物钟，好的睡眠习惯就是规律作息，不赖床。如果准备上床睡觉了，就不要拿起手机、看电视，也不要思考明天要做的事情，上床就睡觉，不睡觉不要上床，这叫作刺激控制法。

笔者小结

1. 森田疗法不是万能的，对器质性精神障碍、没有自省能力、缺乏忍耐、生的欲望不强的来访者，很难有好的效果，也就是说，对于具有典型森田神经质的来访者治疗效果好。

2. 森田疗法的应用不应拘泥于任何形式，卧床疗法是最经典的森田疗法。随着这些年广泛的应用，也衍生出很多的形式，比如心理门诊、线上咨询、读书会等等。其实形式并不重要，得其“意”忘其“形”，这里面重要的是理解、领悟并践行“顺其自然，为所当为”的要义。

3. 森田疗法与其说是一种心理治疗方法，不如说是一种生活哲学，森田疗法的理论来源于日常生活，也回归应用于日常。

最后将易家言的《经历失眠》分享给各位读者，希望对大家今后的咨询工作有所帮助。

经历失眠

易家言

从懂事的时候开始睡眠就不太好，真是莫名其妙。躺在床上不能很快入睡，本来已有明显困意了，但当睡下时却困意全无，反而兴奋起来，情不自禁地想着我什么时候能睡着呢？对声音敏感，有一只蚊子或苍蝇在屋里飞都无法入睡，要起床把它打死或轰走。有时似睡非睡的，想起一件事要办，其实办不办都无关紧要，但办了心里才踏实，否则就总惦记着不能入睡。在冬天，要把肩膀两边的被子裹得不漏风、要裹得严实。跟着父母到山区时，宿舍外的墙上有一照明灯，开关是一根长拉线，拉线的一端坠了一个小塑料。秋风吹来，塑料打在钉子上发出“铛—铛—铛”的响声，为这声音我睡不着，夜里起来把塑料固定在钉子上。有一次竟然感到自己呼吸的声音干扰了自己入睡。

因为睡眠不好我常常感到心急，越急就越睡不着，越睡不着就越急。有时半夜睁开眼看看，呦！十二点了，闭上眼睛好一会儿，想想可能夜里两点了吧。也许到快天亮的时候才模模糊糊睡着了。

即使早早睡着了也感到睡的不踏实、不深沉，梦多，早晨醒来疲劳、累，脑子不轻松，感到头重重的。我妈的睡眠也不好，几十年都是那样。据她说，睡眠不好是因为小时候她整天背着玩的小弟病死了，由此造成创伤落下失眠症。因为睡眠不好，她常不愉快、生气，为此她常年服用舒乐安定（艾司唑仑）片，我妈也劝我吃。我一向对吃药不感兴趣，因从小听医生说吃药会减弱身体的抵抗力，能不吃就不吃。但是睡不着觉是很难受的，按我妈的要求安定片还是要吃。当我把药抓在手里还没吃呢，就感到发困要睡了。

我睡眠不好不知是天生的还是后来的环境造成的。在家里，我奶奶、姐姐、妹妹睡眠都不像我，奶奶说我姐睡觉最扎实，躺下很快就能睡着，打雷下雨都不碍事。我姐参军后曾到海边训练，她说夜里周边惊涛拍岸，同样睡得很香。但在一九七九年她参加越战，十三天没怎么睡觉，因怕越军偷袭。过度的兴奋使她失去了正常的抑制，兴奋抑制失调，睡眠从此就不好了，多少年过去了还是对夜间的声音很敏感。有一次回家探亲，深夜风吹树叶的响声都会使她睁开眼睛。参加越战后她的睡眠一直没有恢复到战前状态，直到她38岁病故。

我的睡眠不好可能与后天环境有关系，从小被树成先进模范，压力大、思想负担重，失去了自然流露天性和玩耍的机会，这对自身的睡眠肯定有负面影响。

自己的睡眠不好从小学六年级开始，到高中毕业后下放农村第一年，差不多有六七年的时间。在此期间很羡慕睡眠好的人。高中住读，羡慕同寝室的同学熟睡的声音，羡慕他们有一个好的午休，谁会想到一个个荣誉的光环的背后还有这不可求的睡眠所带来的无奈烦恼？高二至高三毕业的前半年，获得了可遇而不可求的睡眠，那就是上课时打瞌睡。因为参加了学校宣传队，晚上排练节目到深夜，还要经常外出演出，非常疲惫，睡眠严重不足，兴奋和抑制搞颠倒了，晚上兴奋，白天上课自知不该睡，并克制自己不睡。老师经常提醒，但我毫无办法，老师也没法。这样的睡觉没有任何杂念、焦急，是效率很高的休息，比夜间睡觉的效果好得多。在夜间是该睡的时候却睡不好，在白天不该睡却睡得很好，这是大脑兴奋与抑制的交替规律。在心理方面，大脑深层次的逆反规律则表现得清清楚楚，逆反心理是这种逆反规律的外在表现。睡眠不好是否与这一规律相悖？

在这段时间晚上睡觉也强了一些，主要是太疲劳，也没精力焦虑，但梦多，脑子很累，真是日有所思夜有所梦。

高中后半年睡眠变差。因为当了长达七年的标兵模范，在偏离常态的环境中，使自己的思维品质、性格严重偏激，这正是作为先进榜样的顶峰时期。月满则亏，强迫症的暴发离我越来越近，暴发之前是以睡眠变差表现出来的。在强迫症将要暴发的那段时间，睡眠变差与睡眠障碍不同，不是因睡不着觉而着急、焦虑。当时精力不能集中、健忘，无法调整出感觉的最好状态，白天大脑不清晰，昏昏沉沉，晚上躺在床上大脑仍是乱乱的，不能静下来，即使睡着了也是睡得很浅。

强迫观念暴发后，头三年睡眠不好，因强迫观念很厉害，每时每刻都折磨我，晚上睡下了仍在波及，这对入睡是有影响，波及入睡，只有到睡的很深的时候波及才能停止，强迫观念才能暂时终止。

三四年以后，睡眠有了彻底的改变，这是因为强迫观念带来的痛苦远远超过睡眠焦虑情绪，强迫神经症给我带来的刺激使我的所有注意力完全集中在此。这正应了苏联心理学家巴甫诺夫的理论："一个更强的兴奋灶取代了一个相对薄弱的兴奋灶"。强迫症彻底改变了我的睡眠，这也是歪打正着。

后来我的睡眠很好，在部队，席地而坐听首长讲话，半小时我都能睡着，睡的实，一点睡眠杂念都没有。首长讲话结束我会自然醒来，旁边的老兵为此责怪我："怎么半小时都这样睡？"一是认为这样不该，再就是对如此好的睡眠感到稀奇。

野战部队的训练从实战出发，很艰苦，整天在山上奔跑。吃了晚饭后还有公差勤务，夜间站岗。一天夜里站岗，疲惫难支的我躺在哨位边上半米高的蒿草里大睡，步枪也被摔在一米开外的野草中。此情此景令前来接岗的战友一阵惊慌，循着鼾声找去，见我四肢舒展正睡着。

我认为我患强迫症是由于表现太好、对自己要求过头造成的，为了改变性格，我对自己放松要求，变的散漫，白天站岗睡觉也是常有的事。因日常太辛苦，抓紧时间休息，以恢复体力。有一天在岗亭里睡着了，被参谋长查到，让我背哨兵纪律条例，我自然背不出来，我对这些毫无兴趣，谁愿意背那个？弄的跟随检查的营长十分尴尬。

就这样十几年过去，睡眠一直很好，质量高、很少做梦，第二天精力充沛。这是强迫症帮了我的忙。

当我通过学习森田疗法不再受强迫症的干扰时，久违的睡眠问题又回来了，这是让我想不到的。一个兴奋灶取代另一个兴奋灶不是解决问题的根本办法，关键是对睡眠的观点要正确。在强迫症干扰很厉害的时候，我虽然睡眠质量高，白天精力充沛，可充沛的精力都用在对付强迫观念上。

用巴甫诺夫的理论解释当时很好的睡眠质量是贴切的，但“一个较强的兴奋灶取代一个相对薄弱的兴奋灶”不能彻底解决问题，再说前提是要有较强的兴奋灶，可这到哪里去找呢？即使有，如果它失去了，那么被掩盖的问题会重新冒出来。

好在学习心理学知识寻求根治强迫观念的办法的同时，也掌握一些睡眠障碍的知识，使自己能正确对待重新冒出的睡眠障碍，没有形成执着，顺利走出了困惑。

追溯小时候的睡眠障碍，原因在哪里呢？睡觉是自然的生理需要，白天和黑夜大脑的兴奋与抑制是生理的规律。在障碍之前我睡觉是比较好的，后来不好了是为什么呢？把先天的因素放在一边，对睡觉好与不好所带来后果的迷惑是关键原因。睡得不好会怎样？万一睡不好怎么办？这是存在于潜意识中的心理困惑。在生命的历程中，要经历对这些问题的认知，以积累经验和教训获得对生活知识正反两方面的正确看法，提高心理素质。自己有这样的迷惑深层次是对睡不好的担忧，执着深了就发展到对睡不好觉的害怕，害怕更加导致睡不好，睡不好强化了害怕，不良循环发展成恶性循环。

这里有必要说一下，睡眠障碍跟先天素质应有一定的关系，在同样的环境和条件下，为什么别人没有睡眠障碍而你有？因为你的易感素质在这里，形成了睡眠障碍的“固结”。有了这方面的先天素质，是否就没有办法排除睡眠障碍了呢？不是的。我是神经质素质，我暴发强迫神经症与这一素质有很大关系，我的“固结”点十分顽固，但通过实践森田疗法，强迫症已与我远离，这说明有神经症素质的人患强迫症同样能痊愈，有睡眠障碍的人也一样。当然，要找到适合于自己克服障碍的方法。

小时候为了让自己能尽快睡着想了很多办法，这些办法主要是我妈传授的，一种是睡不着就数“1、2、3、4、5……”；一种是把手放在丹田处，心中默念“松……松……松……”；还有就是睡不着就看书，通过看书让自己发困。这些办法效果都不明显，特别是看书，越看越兴奋。我对半夜起来上厕所也很伤脑筋，睡得迷迷糊糊的，上完厕所就睡不着了，睡不着心里就急、焦虑。刚发现有这一体验时还无所谓，可日久越来越敏感，睡得再迷糊一上厕所马上一点困意都没有，数数、放松更是没一点用，只有忍着似睡非睡到天亮。有时也能睡好，那就是在十分无奈时想到“睡不着就算了，不睡了”，这样一来反而睡着了。

为什么要数数？为什么要默念“松……松……松……”？包括看书？本来大脑要休息，却额外的让大脑想这些，这不是干扰吗？这样做的目的是什么？是为了能按照自己的愿望尽快入睡，这是执着，执着没能促进睡眠，反而成了阻挡自然入睡的一道坎。本来睡不着就够难受的了，又增加了一道坎，从而增加了入睡的难度，这是多么划不来呢？我觉得失眠症起源于心理障碍，顽固不化的失眠是神经质症的一种。既然是心理障碍和神经质症，那就有它的特征和规律，不能违背。前段时间看了网上的一篇文章，讲一个人在行进途中，遇到路中间有一块小石头，他试图用脚把这块石头踢开，不但没踢开，石头却越变越大，使他无法逾越，以至不能继续前行；当他放弃要踢开这块石头时，石头又还原到原来的体积。这虽是神话，但揭示了神经症的特征（当然也包括失眠的特征）。

当你越要克服失眠则越克服不掉，越把睡眠当成大事它就成了难事，反之，以平常心待之，睡眠就成了平常事。

有人睡觉之前跑步、用热水烫脚、开窗通风，目的是什么？跑步是为了锻炼身体，烫脚是为了解乏，通风是为了呼吸新鲜空气，这是好事。但有失眠症的朋友若将这些做法与促进睡眠联系在一起，则是制造了紧张，增加了心理压力，成了执着。试问，这样做真的能促进睡眠吗？若这些办法都用了仍不能改善睡眠，岂不是强化了失眠？

为什么一心想入睡却睡不着，当"睡不着就算了"的意念一出现时反而睡着了，这难道不是失眠症与思维对抗的微妙体现？也就是森田疗法中所提到的"拮抗"作用，这正是神经质症的特征，也是它的规律，要尊重这一规律，否则就会面临失败。当然不能为了要睡着而想着"睡不着就不睡"，若这样仍然存在着执着，一定要把执着彻底放下。

因此，要接受失眠，与之共存，甚至与其交朋友。这样你势必会获得全新的轻松感受，心旷神怡地进入一片新的天地。

靠药物不能根治强迫症，但在症状严重时吃药可以抑制大脑，暂时减弱症状的折磨。不过，有吃药经历的朋友可能体会到，即使吃了药强迫观念仍然会顽固出现。但是，用药物治疗失眠其效果比对付强迫症明显得多。因为失眠是大脑兴奋与抑制失调所至，而药物（安定片等）能控制大脑的兴奋，帮助你抑制，从而使你尽快进入睡眠状态。但即使效果明显仍不是根治失眠症的根本办法，因为失眠症主要源于心理原因，而药物是不能解决心理问题的。吃药的结果是什么呢？它有两方面的作用，一是控制兴奋使你睡着；再就是吃药的行动本身成了种暗示，促进了睡眠。正如第一篇所说的，药拿在手里还没吃呢就有了睡意，这是药物作用的条件反射，这种暗示（条件反射）也是对失眠的一种心理控制，而这种控制是以吃药的行动来实现的。随着暗示的反复强化就形成心理依赖，不吃不行。在这种情况下，高明的医生把糖丸说成是安眠药让其服下，也可起到与真安眠药相同的作用，对药物的心理依赖占据上风，药物自身的作用则退居到第二位，对药物依赖成瘾的新的心理障碍形成了。

对药物依赖成瘾，被睡眠障碍掩盖着，在睡眠障碍还没解决的情况下，新的障碍又形成，这新的障碍实际上是根治睡眠障碍的绊脚石，往深层次想一想，是不是这样？

因此，有失眠症的朋友一定要树立坚定的信念，根治失眠要从心理入手，依赖药物不是根本的办法。

再说，通过吃药而入睡，不是真正的高质量的睡眠，不可能获得发自生理自然深度的、深层次的、高质量的睡眠，这点大家一定深有体会。暗示的作用是明显的，超强的暗示可以让人死，也可以让人活。苏联心理学家巴甫诺夫对已被剥夺一切权利的死刑犯做过一次试验：通知死刑犯马上用静脉注射的方式执行死刑，并告知药性非常厉害，注射后三分钟之内死亡。过了必要的时间，医生开始注射。但注射的并不是毒药而是对身体毫无伤害的蒸馏水，三分钟后，犯人在极强的心理暗示之下死去……

休息是多方面的，不一定非是睡觉，不能拘泥于一种形式。体育是读书的休息，同样读书也是体育的休息。上班、看电视、跑步、劳动、做家务活等等都互为休息。任何一项活动做长了都会疲劳，过了头就会造成兴奋与抑制的失调，时间久了就会带来障碍。从我自己来说，热爱工作、练习书法、喜欢收藏、上网谈对心理学的感悟，这四方面投入的精力都不少，但从来不感到疲劳，因为彼此之间是互为调节、互为休息的关系。

有这样一种说法，中年人每天要保证八个小时左右的睡眠。现在我们把青少年和老人的睡眠时间放在一边，专门谈谈中年人这八小时睡眠问题。

每天睡八小时是不错的，这是正常的生理需要。但是“要保证”这三个字似乎就没什么依据了，正像南京脑科医院鲁龙光教授所说的，保证八个小时是谁规定的？是不是通过科学试验得出的结论？没有谁规定，也从没听说科学界有过这样的结论。睡眠时间的长短是由各人不同的生理需要自然形成的，有人时间长，有人时间短。英国有一位科学家，每天要睡十二个小时左右，否则第二天就不能精力充沛地工作；而周恩来总理每天仅睡四五个小时不到，仍然精力充沛、记忆力极佳。所以，不要为睡眠时间的长短去计较、去发愁。白天大脑处于兴奋状态（醒着），夜间大脑处于抑制状态（睡着），当你兴奋到一定的时间后，必定要进入抑制，光兴奋不抑制，或光抑制不兴奋，都是不可能的。有人躺在床上睡不着，心里着急的不得了，盼望自己尽快睡着，其实睡不着是因为你兴奋的时间还没结束，为什么要强制自己提前进入抑制？这不是给自己找别扭吗？兴奋结束后你自然会抑制的，何必强为呢？

兴奋和抑制要顺其自然，不该睡的时候非让自己睡，想睡的时候又强制性地不让自己睡，这都不是科学的态度。前面讲到的英国科学家，白天在上课或做学术报告时，若困意来临（即大脑要进入抑制状态时），他会坐在讲台的椅子上呼呼睡去，十几分钟后会自然醒来。

白天工作，夜间睡觉，是作为人这种高级动物的自然生理规律，但也不是绝对的。许多事情要因人而异，不能一概而论。白天睡也是可以的，有白天睡觉习惯的，若条件许可在白天多睡一会，这可能给工作带来一些影响，但有什么办法呢？你是白天睡觉的规律，只好顺其自然了。毛泽东就是夜间工作，白天睡觉。所以要根据个人的生理规律去处理这些问题，不要划违背规律的框框。

当然，有失眠症的朋友情况要复杂得多，兴奋和抑制常常处于临界状态，抑制时抑制不下去，兴奋时又兴奋不上来，有时两种状态搅在一起，兴奋和抑制互相打架，非常痛苦。

为了睡觉而睡觉就睡不好觉，创造条件防止失眠则加剧失眠。

失眠有三种表现形式：功能性失眠、药物依赖性失眠、习惯性失眠。先讲药物依赖，不吃安眠药就睡不着，不管药的作用怎样非吃不可。正像鲁龙光教授讲的，有一个人，本来每晚吃两片才能入睡，后来在医生指导下减药，由两片减到一片半、一片、半片、一片的五分之一，药已无法再分割了。其实这五分之一已起不到作用，但这人一定要吃，不吃就是睡不着。再就是习惯性失眠，每夜在固定的时间左右，总要醒来一两个小时睡不着，这是人体生物钟的表现，或者以前喜欢半夜看书（认为那时记忆力好），所以形成到时候就醒的习惯，准确地说这不能算失眠，习惯成自然，要尊重这个自然状态。前面讲的这两种情况与社会因素没有关系。功能性失眠是社会心理因素引起的，这有两方面的原因。一是外界的某种压力的力度太大，超过接受能力，受无法解决的问题的困扰，心理冲突频繁，失去心理平衡。大脑因此持续兴奋超过了度，无法自然抑制（在这种情况下，人为地去强迫自己入睡，在本应是自然的事情里加入人为的成分，这就形成焦虑，更睡不着）。因此，解决这一问题的根本是把不平衡的心态调整至平衡。二是失眠留下的创伤形成“固结”，创伤无法抹平，固结不能离去。面对这深层次顽固的失眠症，只有按森田疗法，与之共存、交朋友、去寻找失眠给自己带来的好处、把它当作人生旅途中的一笔财富，若如此，你一定会获得一片新的天地。

谨以此文向在这场战“疫”中奋战在一线的医务工作者致敬！

最后感谢空军军医大学的施旺红教授，他是我的森田疗法启蒙老师，也是国内森田疗法的代表人物之一，本文部分内容参考了施旺红教授的《中国森田疗法实践》，再次致谢！

（许涛）

第七章

劫后余生：生命的馈赠

——叙事治疗

人生是一个万花筒，换不同的角度去观察，你会发现全新的世界。

2020年初，新型冠状病毒肺炎（英文简称“COVID-19”）自武汉蔓延到全国，很快掀起全民抗疫的大潮。疫情自开始至今，全国各地大量医务工作者奔赴武汉展开援助，广大心理工作者也通过各种方式对疫情下人们产生的焦虑、担心、哀伤等情绪做积极的疏导。

这一年，是我从事专职心理治疗工作的第9年，5年前接触了吴熙娟老师的叙事心理治疗理念，我便深深地爱上了它，并将其运用在我的心理治疗工作之中。叙事心理治疗，是咨询师运用适当的方法，帮助当事人在生命故事中找出遗漏片段，以唤起当事人改变内在力量的过程。当人们诉说着自己受苦的经验的同时，其实是让自己内在受伤的灵魂“现身”、被看到、被听到，也被抚慰，在这个片刻，人底层被压抑的情绪（悲伤、眼泪、挫折、悔恨……）会伴随故事一起出来，与自己合一，这就是叙事灵性。通过叙事，人们经历的困难、痛苦得以改写、升华和淬炼，那些过往将成为生命特殊的馈赠。

写本章的初衷，是为了在突如其来的疫情面前，给人们的心灵找个安身之所。这两天，一个中年女人的形象一直盘旋不去，萦绕脑海，干脆从她写起。

我像往常一样，在与上一个接线员交接完工作后，守在热线旁，等待下一个服务对象。由于疫情的影响，我们现在主要的工作就是进行电话心理干预。不一会，电话铃声响起。

咨询师："你好，这里是知心姐姐心理服务热线，有什么可以帮助你？"

来电者："你好……"

咨询师："我可以帮你做些什么吗？"

来电者："我很难受，想说又说不出来……"

听起来像是一个中年女人的声音，细小、沙哑而又低沉，带着北方的口音，似乎充满了哀怨，着急表达又一时之间无法开口。我没有催促她，向她表达了耐心。

咨询师："嗯，我会一直在……"

来电者："我是一个不祥的人。"

咨询师："为什么会有这样的感觉呢？"

来电者："28 年前我克死了我的老公，当时我带着两个儿子，1 个 5 岁，1 个 3 岁。那时候的日子太难了，所以我再婚嫁给了村里最穷、最憨的人，直到现在日子都过得紧紧巴巴的。为了供儿子上学，我不得不每天起早贪黑的忙着，但我们的日子依然没有起色。肯定是老天爷对我所犯错误的惩罚，才使我的家人都不能过好日子，连村里的人都以为是我不要脸，为了养儿子，什么人都嫁，所以老在背后戳我脊梁骨。"

听到上面的诉说，我知道，这是一个女人在叙述着自己的过往，很自然的，我立马开始用叙事的视角听她的生命故事。叙事疗法认为，人们的消极认知往往来自于外部生活的主流影响。把带着问题的故事称为主线故事，而把生命故事中没有被看到，可以让人有力量的故事，称为支线故事（这样的故事可以带来"较期待的自我认同"）。

来电者受当地文化的影响颇为深刻，她在讲述自己的故事的时候，主线故事一直是以主流社会的认识为基础的，认为自己犯了错误，要受到惩罚，这种宿命观和因果观，使得来电者构建了自己的主线故事，认为家人所遭受的穷苦，都是因为自己，内心充满愧疚。而咨询师很有可能也会受到外部主流事件的影响，因此咨询师要注意支持和倾听，让来电者感觉到可以自由的讲述自己的故事并被咨询师接纳和认同，减少其心理防卫，突破他们的心理障碍，增强其寻求改变的动机。所以我继续了解情况，并进行澄清，充分给其讲述自己故事的机会和时间，耐心倾听，给予共情。

咨询师："你可以详细说一说吗？"

来电者："我和我去世的老公本来感情特别好，平时他做生意拉货，我跟车，婆婆帮我们带两个儿子，日子过得也挺富裕，是村里最早盖新房的。那天，他原本不愿意出去，因为是过年前的最后一趟活，是我非要让他去的，结果他就没回来，是车祸，而我却活下来了，只有我自己知道，他为了救我才向左打了方向盘，结果他就没了。你知道，原本应该出事的是我，不应该是他的，怎么就是他呢？我当时都懵了，在医院醒来之后，听说了这个事，怎么也接受不了，没法描述那时的心情。"

咨询师："当时太难让人接受了，后来呢？"

来电者："后来，婆婆看到我和两个儿子就会一直哭，我也没法再在婆婆家生活了。我带着我的孩子在我妹妹家寄住，你知道我妹妹也有婆婆公公，也有自己的孩子要养，我在农村也没有什么经济收入，当时太难了。3年以后，经人介绍，不得已，嫁给了我现在的老公。他很木讷，他原来的老婆是病死的，带着一个女儿，就两间小土房，村里人原本也都瞧不起他，但凡我有任何办法，都不会走这一步的。"

咨询师："然后呢？"

来电者："我再婚后，感觉心里有了依靠，勤俭节约，过年的时候，别人家的孩子都买新衣服，我就只给继女买，两个儿子从来不买。这么多年，我不敢出门，几乎每天失眠，感觉睡前喝点白酒，睡眠还好一些。我一个女的，还老喝酒，邻居们一定会笑话我。"

咨询师："听起来，你经历了很多生活的过往，是什么原因使您现在拨打电话呢？"

来电者："我小儿子后来考了医学院，现在去武汉支援去了，我又开始睡不着觉了，这几天做梦老梦到我前面的老公埋怨我，就像多年前，我没阻止我老公出车一样，我这次也没阻止儿子去武汉，我应该阻止他的。要是我儿子这次回不来，我怎么见我前面的老公呢？怎么向他的家人交代呢？"

在现实生活中，来自他人的、社会的、文化的等各方面的价值观形成意识的主流。从来电者的叙事中能够感受到，她的生命故事充满挫折和沮丧，即充满问题的"个人叙事"。她运用主流的、单一的（消极的）叙事框架来组合自己的生命故事，在叙事中衍生出的是一个充满了自我怀疑与自我否认的不幸的和低自尊的自我。当感知自己不符合主流的标准时，她就很难从自己的生命故事中获得自我认同和自我价值感，于是，生命故事变成了一种有问题的叙事方式。

到此，来电者讲述了事情的核心，多年前的创伤经历，使得她在面对相似事情时，变得敏感和脆弱，加之疫情当前，对未来充满了不确定，担心小儿子被传染，产生焦虑和害怕的心理。来电者的主线故事就是，如果家里人有不幸，是因为自己没有做好。在这样的背景之下，产生了一系列的心理问题。为了对来电者有个全面的心理评估，我询问了她的基本信息和主要症状。

咨询师："您现在多大年龄呢？"

来电者："我今年55了。"

咨询师："您现在在什么地方？"

来电者："我在山西自己家。"

咨询师："家里除了你之外，还有谁？"

来电者："有我现在的老公，还有大儿子、大儿媳妇和小孙子。"

咨询师："你身边有人因为疫情染病吗？"

来电者："没有，但我每天看新闻，听说武汉染病的人特别多，而我儿子又去了那里，他的电话有时能打通，有时打不通，我都不敢想象，万一他被传染了，我该怎么办呢？”

咨询师：“你刚才说睡眠不好，是一直不好吗？”

来电者：“以前就睡觉轻，我就每天晚上喝点白酒，就能睡着。现在这两天老做噩梦，梦到不好的事。”

咨询师：“每天能睡多长时间呢？比如几点睡，几点起？”

来电者：“现在只能睡6个小时，晚上躺下后，得翻腾2个小时才能睡着，早上5点左右就醒了，醒来还要给儿子、儿媳妇做饭。”

咨询师：“吃饭怎么样？香不香？”

来电者：“吃饭还行。”

咨询师：“除了你刚才讲到的，睡眠好像不太好了，还有其他不好的地方吗？”

来电者：“心情还特别烦躁，做事也不踏实，老是忘东忘西的，老感觉胸口发闷。”

咨询师：“还有其他不舒服吗？心情上的？身体上的？”

来电者：“没有了。”

咨询师：“平时和邻居关系怎么样啊？”

来电者：“平时基本不和他们走动，我很少出门，因为我是后嫁过来的，日子一直不好，他们肯定也笑话我，她们要是知道我以前是死了老公的，肯定就更会认为我不祥，不愿意和我走动。所以我就干脆不怎么出门。”

咨询师：“那和现在的老伴关系怎么样啊？”

来电者：“和他还行，我负责收拾家务和做饭，他就出去挣点钱贴补家用。”

接听热线的基本要求，先要判断来电者当下的危机状态，如果存在心理危机情况，则需要实施相应的心理急救，如果不存在危机情况，则根据一般接电流程进行心理疏导。通过上述问话，可以做到以下评估：该女士，55岁，目前因为儿子作为医生去前线抗疫，出现了焦虑情绪，开始失眠、胸闷、心情烦躁、做事不踏实。加之多年前的创伤经历，诱发其深埋的愧疚感和羞耻感，除家人外，人际关系一般，但社会功能很好，仍坚持做家务和给儿子做饭。

叙事治疗时，面对危机情况，如来电者正站在楼顶，也当赶快放下叙事视角，保证生命安全，实施心理急救，稳定情绪。如果不存在当下的危机情况，则要缓缓地展开叙事视角，鼓励自我表达，寻找生命意义。

咨询师："如果咱们给你刚才的不好起个名字，你愿意叫它什么呢？"

来电者："起名字，我没听懂？"

咨询师："我们会给家里的宠物起名字，有的叫毛毛，有的叫乐乐。现在呢，我们来试着给你刚才说的不舒服，起个名字，你愿意叫它什么呢？"

来电者："我起不出来……哦，我想就叫它'烦烦'吧，好吗？"

咨询师："好。烦烦一般什么时候会来呢？"

来电者："一般会在晚上睡觉之前来。"

咨询师："烦烦来的时候，是怎样控制你的呢？"

来电者："它一来，我就胡思乱想，想我儿子，担心他，害怕他被传染，害怕无法向死去的丈夫交代。"

咨询师："一天中，有没有一些时候，烦烦没有来？"

来电者："有，我在忙着打扫卫生，有事做的时候，就感觉日子还不错。"

咨询师："烦烦每次来的时候，一般待多长时间会走？"

来电者："一般2个小时左右。"

通过把问题拟人化、物化，给问题命名，达到"去标签化"的目的，相信每个人都是独一无二的。"外化"能让人们体验到自己不是问题，问题不再是个人品性"真相"的表现，让解决问题的方法变得可见而可行。通过给各种不适进行命名，来电者可以感觉到，这个问题不只是自己的全部，问题可以来，也终会走的。经短暂舒缓情绪之后，需要给本次访谈设定目标了，这要和来电者进行讨论。

咨询师："其实，我刚才听到你有对儿子去前线的担心，也有你对逝去丈夫的思念，你希望接下来我们具体谈一谈什么呢？"

来电者："我想谈谈我那个丈夫。这件事一直在我心里，没有对别人提起，但我一直也没有忘记他。”

咨询师：“想到他，还有什么其他的事情是让你很难忘的呢？”

来电者：“他是一个非常有担当的人，每次外出跑车回来，也和我一起带孩子。我还记得他特别爱吃韭菜盒子，我儿子也特别爱吃。有一次，我们俩拉货到了山东，都过午了，他还带我去商场买了个戒指，是银的，但我一直很珍惜。”“还有呢，我记得我们俩第一次相亲见面买东西回来的路上，他骑个摩托车，天又晚了，还差点掉到沟里去。”

咨询师：“嗯，听起来，你们有好多美好的回忆，那些都是弥足珍贵的。”

来电者：“是啊，也奇怪，这些话，我从来没说过，你知道，现在我再婚了，也没有机会和别人提起这个。”

咨询师：“这样的记忆一直在你的心里，伴随着你。现在听你这样说，能感受到你内心的平和和宁静。”

来电者：“嗯，是，感觉说一说好多了，心里就没那么自责了。”

咨询师：“你在以前的经历中，学到了什么呢？”

来电者：“我从那开始，就学到了不强迫别人，他愿意干活就干，不愿意干想歇一歇也行。我以前挺要强的，老强迫我的男人出去干活挣钱。从那以后，我就不了，我现在的老公，我从来没有像以前那样催着他出门打工赚钱，钱多我就多花，钱少我就少花，虽然没有钱，但我们一家人在一起，总比人不全了好。”

通过发展支线故事，使来电者拓展思路，从有问题的主线故事中剥离开来，重构“意外车祸”，让当年的“意外”变得有意义，让来不及处理的创伤情绪，能伴随着温暖的感觉被重新看到和重新定义，变“错愕”“悲恸”为“感恩”“珍惜”。

咨询师：“经历了这么多，是什么让你一直坚持努力生活的呢？”

来电者：“我的两个儿子，他们一直都很乖巧，对我孝顺。小儿子给我打电话说要去武汉，虽然我不愿意让他去，但也没阻拦，那是他自己选择的，我没有强迫他去，也不强迫他不去。”

咨询师："听起来，你的儿子很勇敢，也很伟大。你的意思是，你愿意尊重小儿子自己的选择吗？"

来电者："嗯，我没法，是他自己愿意去的。"

叙事疗法是在消极的自我认同中，寻找隐藏的积极的自我认同，并扩大这种积极意义。通过挖掘来电者身上更多的闪光点，和来电者一起寻找隐藏在消极故事中的积极元素，并进一步扩大这种闪光点，使之更能撬动来电者的生命天平，让天平往美好的一方倾斜，继而进一步丰富他们的优势生命故事。

咨询师："如果你前面的丈夫知道是儿子这么勇敢，愿意在祖国危难的时候，挺身而出，同时又看到你这么尊重儿子，你觉得他会说什么？"

来电者："我想他肯定会保佑儿子，让儿子平安归来。"

咨询师："如果你有机会跟逝去的丈夫表达祝福，你想说什么？"

来电者："我想说，你放心吧，虽然日子清苦，但最难的时候已经过来了，现在两个儿子都很好，大儿子娶了媳妇，小儿子也学医毕业了，现在也充满事业心，积极要求上进，平时很少让我操心，你可以放心了。"

咨询师："还有吗？"

来电者："感谢你当时的付出，经历那次劫难，我会带着你的生命，照顾好儿子，把自己活好。"

咨询师："如果能打通小儿子的电话，你想说什么？"

来电者："我想说，儿子，你是好样的，妈妈支持你，你要好好保护自己，注意多休息、多喝水，妈妈等着你好好的回来。"

面对灾难和痛苦，让它打开我们的心，去尝试各种不同的生活方式和看待事物的方式，你的人生也许从此有所不同。

踏雪观梅，清兴犹在。几天以后，我拨通了该女士的回访电话。她的小儿子作为援鄂医生，已经圆满完成了自己的任务，目前身体无不适。该女士的心情和睡眠也得到了很大改善。

叙事疗法兴起于 20 世纪 80 年代末，代表人物是澳大利亚的迈克尔·怀特和新西兰的大卫·艾普斯顿。叙事疗法认为，人们通过叙事把零零碎碎的经验组合成有意义的整体，并通过叙事过程使事件之间产生联系。咨询师通过倾听来访者的问题故事，挖掘来访者的优势、潜能和个人能动性，从中找出其“闪光事件”，引导来访者认识到他们以一种不同的方式讲述自己的特有经历，而这些经历可能是充满积极的力量却被来访者忽略的部分，以此唤醒来访者被封存的内在的积极力量，重构人生故事，促使来访者改变认知从而改变现状。

叙事疗法之基本理念

观点一 —— 语言创造出不同的意义

叙事疗法认为，语言创造出不同的意义，现实随着语言意义的变化而变化。在个案工作过程中，信念、关系、感受或自我概念的改变，都源自语言的改变。语言的变动性使咨询师与服务对象之间对话充满发展新语言的机会。通过发展新的语言来描述自己的生活经验，就可以把有问题的信念、感受和行为转化发展出新的意义，借此产生许多新的发展的可能性。如西游记的不同解读，有人认为主题是弘扬正义压倒邪恶，有人认为主题是如何取得成功，有人认为是合作的重要性，也有人认为是传道弘佛，还有万道归宗的哲学主题等等。

观点二 —— 问题才是问题，人不是问题

叙事疗法认为，所谓的病症、困境与问题等，都是种族、阶级、性别等充满权力与主流标准的文化环境营造出来的。当这样的环境被消解、被解构，它们就会消失（对于一个在工作中个性较为张扬的人，在美国的个人英雄主义文化中十分推崇，而在中国的集体英雄主义下可能会出现问题）。因此，需要鼓励人们放下主流文化的量尺，因为问题是外在于人而独立存在的，人不等于问题。人如果能够和问题的故事分开，就会开始感觉个人的自主，感

觉自己有能力掌控自己和生活，每个人都是面对自己的问题的主人。

观点三—— 个体叙事与主流叙事之间的冲突是心理问题产生之原因

福柯认为真理是人建构出来的，而又赋予它“真理”地位的一些观念。这些“真理”具有“矫正作用”，因为人会受到煽动，依据这些“真理”建立的标准塑造或构造自己的生活，这种煽动就是所谓的知识表现出来的权力。主线叙事产生于个体与社会的互动以及社会历史文化的影响，是个体深深内化了的自我认同的故事，它在个体的生活故事中享有支配性力量的权力。人的生活经验是非常丰富的，主线叙事会有选择性地建构主流文化所允许的部分生活经验，在这一建构的过程中，有主动性，也有被动性，然而，当个体的主线叙事与自己生活经验的重要部分产生矛盾时心理问题就会产生。

观点四——寻找生命的力量，重构替代性故事获得较期待的自我认同

被主流故事控制的个体常常被问题化，他们常常忽视那些更为重要的，更具有意义的故事，也即我们通常所说的替代性故事。替代性故事的意义在于，它引导来访者去认识他们以一种不同的方式经历那些自己已经习惯了的事件。也就是说，替代性故事是与来访者所叙述的那些问题故事完全不一样的故事，它们充满了积极的力量，但却是一直被来访者忽略的部分。咨询师的工作就是协助来访者重塑生命故事，挖掘那些被忽视了的替代性故事，将其构建成一个有意义的、充满力量的、符合自己愿望的新的生命故事，寻找生命的智慧，在过往问题中收获力量，转变成较期待的自我认同。

观点五——咨询师与来访者之间是合作治疗的关系

传统的心理咨询往往会表现出这样的一种特点，那就是咨询师是专家。传统的心理治疗效果是值得肯定的，然而这种咨询是专家的态度，往往让许多来访者在咨询的过程中产生被动依赖的情绪，我们也经常在咨询中看到这样的情况，来访者仿佛把自己全部交给咨询师了，希望咨询师能帮其解决所有问题，因为咨询师是专家。然而，这种专家的态度容易使来访者过于依赖咨询师，而难以挖掘自身的能量。在叙事治疗的过程中，咨询师与来访者建立的关系更多的是一种合作治疗的关系，并且认为来访者才是专家，因为没有比来访者更能了解他人生故事的人了，只有他才能真正地帮助自己打开新的视窗，而咨询师在这一过程中是来访者的合作者（Michael White，2011）。

叙事治疗之过程、技术

叙事治疗崇尚人文关怀，崇尚人的重要性，因此，在实践中没有刻板一致的过程要求，需要紧贴来访者自身的表达和需要。但经过国内多为叙事治疗家的经验总结，可以发现叙事治疗的常用过程和方法技术，也恳请各位心理工作者熟知，技术只是技术，在实际治疗过程中，这些技术必会因你创造性的应用而变得灵活而温暖。

步骤一　娓娓而谈：倾听来访者的自我问题叙事

大家是否都听过这样一个故事，叫作《三人喝酒聊天》，讲到三个人喝着啤酒闲聊，有一个人先开口说：那里有一些球，也有一些杆子，我这样称呼它们，是因为它们原本如此（客观观点）；第二个人接腔道：那里有一些球，也有一些杆子，我这样称呼它们，是因为我看到的是如此（主观观点）；最后一个人说：那里有一些球，也有一些杆子，我这样称呼它们，是因为我这样叫它们，在这之前它们什么也不是（互为主体的层次观点）。

叙事疗法认为，来访者眼中的世界是经个体创造出来的，是创造出来的“现实”，并不一定是客观的“现实”，是来访者受到主流文化影响的产物。

步骤二　挑拨离间：将来访者的问题外化

叙事治疗的另一个特点是“外化”，也就是将问题与人分开，把被贴上某种问题性标签的人还原，让问题是问题，人是人。问题外化之后，问题和人分家，人的内在本质会被重新看见与认可，转而有能力与能量反身去解决自己的问题。

例如有位老师反映“对于一个成绩一直落后的学生，想尽办法鼓励，都没能让他有成就感，如何是好？采用进步奖励的方式，但是每次考试的难易标准不一，看不出进步；如果采用百分等级或排名，这些学生永远都在后面，该怎么办？”把成绩不好等同于学生，是把问题内化。怎样才能把问题外化？有的老师把问题与人拉开距离，采用多元智能的观点，找出学生成绩以外的优势，在优势上予以鼓励。学生的自尊心一旦建立起来，成绩也就有可能慢慢提升到合理的位置。这就是把问题外化的思维方式。

将问题外化，主要通过两个技术来实现。

一是客观化。将问题和人分开，使人有一空间来审视问题和自己的关系，咨询师可以透过修饰个体使用的语言，使问题客观化。例如，“他的误解是如何让你感到难受的？”“内向是怎样让你无法和人形成朋友关系的？”

二是命名。在经过一段谈话后，咨询师可以请个体对其描述的困扰或经验给个名字。例如，“我们已谈了不少有关你在学校里的一些事情，如果要为你在学校里碰到的讨厌的事取个名字的话，你会叫它什么？”

步骤三　革故鼎新：解构故事、发掘例外结果并重构故事

在咨询过程中，个人故事的重写会面临很多困难，因为人们在面对目前的生活状况时，很难接受一些事实，从而抵制改变，试图保持他们原有的生活情节。因此，在这已经有着限制性的生活叙事的重构中，咨询师就可以协助来访者。在这一过程中，咨询师要善于发现来访者叙述中的闪光点、积极的、主动的一些细节，引导来访者从新的角度来重新编码他的故事情节，把那些他们认为不愉快的、带给他们痛苦的事件变成积极的、有意义的故事，以新的态度来重新看待自己的故事。在重构故事的过程中，一方面个体可以积极地构建自己的故事，另一方面这些新构建的故事又影响着他们，不断地给予他们反馈，引领着他们走向更积极、更健康的生活。

例如，对于在自卑中成长起来的孩子，不放弃就是他解构之后的力量，

再自卑也要往前走。通过积极的对话，他领悟到自卑中长大的自己最难得的地方是没有放弃。坚持，便是他的生命闪光。孩子也因为对自己坚持的发现，得以继续主动积极地成长（张帆，2016）。寻找闪亮时刻、独特经验等替代性故事，透过想象，产生图案、画面，促使人们建立对未来的美好愿景。

《后现代对话》公众号比喻叙事心理治疗说："叙事是一泓清池，需要不断浸泡"，我深以为是。我相信，叙事心理治疗会持续指引我丰厚自己的生命故事，也会指导我、帮助我的来访者挖掘自己生命的力量，每个人的生命必将各有千秋，各拥沉浮。

（郑新红）

第八章

心理干预中的指挥棒

——系统观

引子：请把“我”纳入“接线—督导—教学”系统

2020年2月8号是我们一家四口居家隔离的第6天，下午将近5点的时候，我正在陪着孩子们浑浑噩噩地睡午觉，有位我非常欣赏的军内心理专家打电话邀请我参与一本跟疫情相关的心理专业书籍写作。我看着身边睡眼惺忪的娃，第一反应是拒绝。还没等我说话，这位专家姐姐已经把我的想法都猜到了，她说不着急，让我考虑一下，她的要求是真实，有实操性，最好跟家庭治疗相关。答应她后，我就在构思怎样可以既切中疫情主题，又能够写出心理技术呢？也许用我的眼睛、我的感受去呈现疫情发展中经历的点滴就是最真实最好的表达吧！

时间要回到2020年1月19日，我们一家四口，按照两个月前制订的休假计划抵达祖国西部边陲西双版纳景洪市，按计划我们在这里停留半个月而后经重庆返回北京，在重庆计划用2天时间，带孩子们看看我和他们爸爸的母校，看看长江。下午抵达后，放下行李就去品尝有名的黄牛肉火锅，我们大快朵颐，光是黄牛肉就干掉两斤，想着明天安排了一整天户外游玩，要多吃点储存能量。第二天一早我们按计划向山谷进发，由于版纳早晚温差很大，下了车我就感觉身上瑟瑟发冷，当时兴致正高，没当回事。21 号闲暇时，看到互联网上开始出现大量关于武汉出现肺炎疫情的消息，这不是我第一次关注，早在去年 12 月份就看到过报道。刚开始时我会有些担忧，作为一名医疗工作者，依稀记得 2003 年“非典”期间，医务人员的惨烈牺牲，让人心痛不已，后来有报道说没有人际传播，也就没有再关注这个事情。也是在这一天，我看到钟南山院士在采访中公开宣布，这种武汉出现的新型肺炎肯定存在人传人！看到这个消息，不由得担心 2003 年的悲剧会再次上演。这些年我们一直生活在繁荣、稳定、安逸的环境中，传染病一旦暴发会打乱所有人的生活，此时的我已经有点焦虑了，钟南山院士都出马了，情况必然不妙，发展下去会不会影响我们的旅行计划？会不会影响我们回北京？会不会影响我们的健康和安全呢？此时“武汉肺炎”成为我认知系统重要的一部分了。

22 号我依然觉得浑身酸疼、没有力气，中午开始全身发紧、四肢冰凉，盖上了所有能找到的被子、大衣，整个人缩成一团，浑身疼痛，无力，想要翻个身都很困难，“我发烧了？！”而且来势凶猛，身体完全不能动弹，除了在被子里缩着，我只能等待救援。爱人带孩子们出去了……傍晚时分，他们终于回来了，我已经烧得不省人事。爱人看到这个架势，赶忙去药店买了体温计、退热药，还有一些常规的感冒药，测体温 39.8℃。我自己并不意外，吃了布洛芬，身体依旧疼痛，体温也没降下来，我只能根据以往的经验，在爱人的协助下不停地喝白开水。迷迷糊糊中，我依然在心里惦记着那个武汉的肺炎发展，很多天后它有了一个正式的名字叫新型冠状病毒肺炎（COVID–19），而当时我们只知道它的典型症状是发热、咳嗽、浑身疼痛、无力……爱人说“跟你现在一样”，我说好像流感都这样。说完以后，我挣扎着躺在床上继续浏览相关消息。此时的各大新闻网站已经被“新型冠状病毒”的各类消息刷屏，但是有个消息格外引人注意，就是“23 号武汉要封城”，不由得心中默念“看起来情况很糟啊，我们怎么办？”虽然我近期没有去过武汉，记忆中也没有接触过从武汉来的人，但是我正在高烧，我的症状跟当时新闻里描述的也都符合。据说要避免食用或者接触野生动物，我不知道我们吃了两斤的黄牛肉算不算食用野生动物，我也不知道和孔雀合影算不算接触野生动物。总而言之，当意识到可能有一种现在谁都不太了解的严重的传染病即将流行，而此刻我正在发着高烧，身处离家将近三千公里的祖国边界线的时候，我承受着身体和心理的双重煎熬。艰难的度过五天后我基本康复了。而在 2020 年 1 月 22 号到 27 号这五天里，我们一家度过了一个不一样的春节，没有团圆饭，没有贺岁片，没有看到直播春晚，没有发信息拜年，每天都在做一件事——追踪疫情的最新消息，恨不得听到的、想到的、谈到的，都与疫情相关。在这几天内，西双版纳所有的景区、饭店都关门了，我们附近的好几个宾馆在 27 号就关门了。由于疫情，很多人取消了旅行计划，很多人提前回去了，要不是我生病了，担心到了机场直接被送去医学观察，我想在 27 号也就是大年初三之前我们一定也返回北京了。接下来的情况就是，我们去药店想要备些口罩、酒精、药品，已经都没有货了，幸亏我生病时为了避免传染给孩子，让我爱人买了两包口罩还没用完，这就成了我爱人每天为我们出门采买食物的必要防护装备。在确认我康复以后，回家被重新提上日程。重庆肯定不能去了，版纳到北京每天只有一班四小时的直达航班，疫情期间需要做好大人、孩子的防护，还要避开机场人流量最大的时期，于是我们把归期定在了 2 月 2 号大年初九。在这段时间里，我深深感谢我爱人，在我生病艰难时期给了我巨大的关怀与支持，让我们的家庭系统能够依然维持平衡，能够顺利回到北京。

家庭系统的平衡需要每个家庭成员的努力，当一方弱下去的时候，家里其他成员一定要比之前更加强，才能保持住家庭原有的生态。

回京之后，就开始了为期两周的居家隔离，直到专家姐姐给我打电话之前，我们一家都过着“男耕女织”的居家生活，每天只需要想好怎么不饿肚子，研究些新的菜品，做做亲子游戏，倒也其乐融融。为了避免过多疫情的消息影响我们的心情，我每天最多只看一次有关新闻，已经不像在云南那样天天关注最新进展，恨不得所有消息都要认真研读，是这个邀请，激发我重新进行思考，重新关注疫情，重新评估自我状态，重新找回工作状态，重新获得使命感。由于有之前生病的经历，我很清楚在这种大环境、大系统下感冒、发烧、咳嗽有多么可怕，也能体会到不能出门，不能下楼被隔离的无能为力，所以我更能了解那些在疫情中被感染、隔离的人的心态。虽然目前还不需要去疫区做现场救助，也不需要去单位值班，但是在后方也可以通过电话或者网络，做点力所能及的事情，同抗“疫”前方的同学、战友们共同战斗。刚好这些天单位也在大力宣传我们的心理服务热线，公众号上的新闻都会附带我们的热线号码，每次召开科室碰头视频会也会对每天心理热线进行交接报告，于是我主动请缨，光荣地成为心理热线“接线—督导—教学系统”中的一员，为值班的咨询师提供视频督导。

督导实录：案例督导中的系统观

上周一位年轻的接线员向我报告了一个案例，主要内容如下：

来电者，男性，年龄17岁，一名高三在读学生，今年6月份参加高考，是从朋友圈看到我院微信公众号得知电话号码。

来电主要问题：母子关系问题。

来电者主诉：自从疫情开始，母亲“变本加厉”地控制他，期间和母亲发生过两次剧烈的冲突，一次是由于被母亲发现在上网课的时间打游戏，产生争吵；另一次，就是打电话这天的早上，与母亲产生了肢体冲突，起因是自己早餐没有吃鸡蛋，母亲劝说无效后把剥了皮的鸡蛋扔在自己的脸上，男生顺势推了母亲一把。现在就是希望疫情尽快过去，那样就可以逃离这个家，回到学校。

来电者主要情绪反应：压抑、愤怒、焦虑，对母亲的控制难以忍受。

接线员提出三个督导问题：

1. 看起来这是一个典型的由于疫情的影响而产生的问题，如果疫情结束会不会马上得到缓解呢？

2. 经常都说孩子的问题就是家庭的问题，这个来电者妈妈的这些行径，我也确实不是很好理解，如果这不是个电话，而是我的面询来访者，第一次咨询之后还需要做他妈妈的工作吗？

3. 虽然感觉到有一定的咨询效果，但好像可以做得更多，如果他再次打来电话，我应该做些什么？

督导中的系统观体现在：首先可以以一个旁观者的角度，从整体评估这个咨询的效果；然后分别对咨询的每个流程，也就是咨询的子系统，进行逐个分析；最后应该将督导纳入咨询中去，也就是说督导师是接线员的支持系统，也是整个专业工作系统的一部分。因此，从系统观的角度来说，来电者的问题是否会最终得到改善，需要来电者本人、来电者家庭、接线员技术和接线员所属的专业团队这几个子系统共同作用于“治疗联盟”这个大的系统中。

督导过程具体如下：

对电话咨询的有效性进行初步评估

从整体上看，接线员接线流畅，整个咨询过程清晰，有自己的思路。对于干预效果，是根据咨询前后来电者的主观评估来判断，他在开始阶段和结束阶段对自己痛苦程度的评分从 80 分下降到 70 分，表明通过电话疏导，情绪得到舒缓，总结时表达如果现实能够脱离母亲掌控的生活，自己肯定会满血复活；对未来生活的希望程度评分从 60 分上升到 70 分，由此看来，这次电话咨询对来电者是有效的。

对接电流程逐个分析

1. **指导语**。我们统一使用“你好，心理援助热线，请问有什么可以帮你？”接线员语音轻柔，平稳，有亲和力。

2. **收集信息，情绪舒缓**。在这个流程，我们要求对来电者的基本信息进行采集，比如姓名、年龄、单位或学校等，并对来电者的情绪状态进行客观评估。评估主要采用两种方式：一种是由接线员根据热线标准化心理健康问卷对来电者进行提问，然后打分；另一种是让来电者对自己的痛苦和希望程度打分。接线员做得很好，基本信息采集完整，两样评估全部完成，在采集信息的过程中主要采用了倾听、澄清、情感反应等技术，让来电者感到共情，使来电者的情绪得到了宣泄。

3. **聚焦咨询目标**。热线电话与长期的心理治疗相比有一定的差异。由于时间有限，通常在热线中更适宜采用焦点解决的方式，也就是聚焦一个来电者最需要解决的问题，最终确定的咨询目标是由来电者提出的"让他的母亲不要总是喋喋不休地盯着自己找茬就行"，这个期待母亲改变的预期，调整为"我自己可以做一些改变，不那么计较母亲的言行"，这个更具主动性的，可实现的目标。在这个过程中充分体现了接线员的专业和努力，可以看得出来，接线员对于电话干预的目标究竟是"谁"，把握得十分清晰。

4. **解决问题**。接线员对于问题解决的方向主要是从心理教育和正常化角度引发男孩的思考，让他看到自己处在一个人生中与众不同的重要的阶段，这个阶段的心理问题最突出的就是两方面的冲突，一方面内在的自我希望快快成年，脱离一切的控制，尤其是父母的控制；而另一方面，自己还是一个学生，经济生活都不能完全独立，即使这么多年的住校生活，他认为自己的独立性很强，但在父母的眼中，孩子始终还是孩子。来电者虽然对母亲还是很有意见，但是这个观点他也十分认同，提到自己确实很独立，考上大学，就可以自己打工养活自己了，要迅速成长为一个顶天立地的男子汉。

5. **总结结束**。接线员让来电者自己进行了总结，他总体感觉还不错，情绪比刚刚打电话的时候有了很大改变，平和多了，表示开学之前估计还会打电话的，感谢接线员对自己的帮助。接线员时间把握刚好，懂得适度地打断和拒绝，达到了不错的咨询效果。

最后，我对接线员需要督导的问题进行了回应。

第一个问题，从系统的角度讲，这个案例发生在特定的时间点，“疫情”的出现就像这个17岁男孩家庭的不速之客，它带来的影响是多方面的，打破了祖国这个大系统的平衡，让男孩的家庭、接线员的家庭，以及千千万万的其他家庭，没有像往常一样快乐地度过一个传统的春节，集体心理处于焦虑和恐慌中。那么，它是怎么破坏来访者的家庭系统平衡呢？首先，疫情虽然有了平缓趋势，但开学仍然遥遥无期，延长了母子的相处时间，男孩多年的住校生活已经非常的独立，而妈妈熟悉的是男孩还在上小学的状态，这是一对显而易见的冲突；另外，男孩已经高三了，就像所有的母亲一样，关键的一学期不能开课，内心难免会揣测其他的同龄人一定都在家里奋笔疾书呢，所以无法忍受儿子不干正经事，比如打游戏。表面看起来疫情过去，生活状态回归应该就会使母子关系得到缓和，但也有可能是从冲突转向疏离，也就是说孩子彻底逃离母亲，而不是想要达成和解。

第二个问题，其实可以拆分成两个问题。首先，如果是来医院准备做长期心理治疗的来访者，你需要看他是一个人来还是两个人来，再确定是否同时对妈妈和儿子两个人进行工作。如果是儿子自己来，那基本上肯定就是他自己的个体咨询了，你主要是对这个17岁的男孩负责；如果是母亲陪着孩子一起来的，也许你可以问询双方是否愿意一起进行家庭治疗，两个人共同改变以促使母子关系趋向和解。当然，根据我的经验，最大的可能性是一开始儿子不愿意与妈妈同时进行咨询，但也可以试一下。

第三个问题，就是关于不理解他妈妈。其实有些情况在这一次的电话咨询中没有提到，但是我却很好奇，我先提出来，也许对于你了解他妈妈也会有些帮助。我的问题是：①他与妈妈的关系以前是什么样的？如果有变化，是什么时间开始的？什么原因导致发生了变化？②他妈妈是一直都有很强的控制感还是突然改变了？如果是突然改变，这个时间节点是什么？③在电话中，来电者似乎一直在说自己的母亲，他有父亲吗？如果有，那么他和母亲冲突的时候，父亲在做什么？④来电者是怎么看待他的父母和家庭的？⑤他还有哪些内、外部资源可以在他痛苦的时候帮助他？

回答了第二个问题以后，这位年轻的咨询师说，第三个问题不用再解答了，她知道该怎么做了。

我们都知道，一个人的问题不可能是TA自己的问题，因为TA一定是处在系统中的，而且不可能只属于一个系统，如家庭系统、工作系统、社会系统、个人的健康系统等等。当一个来电者打进电话，我们能做些什么？怎么做才是开始咨询的正确方式？你怎么快速了解他们的问题所在？这一切都是不确定的，你如何让一种不确定变得确定？我们就需要从咨询师的工具箱里面找到最有用的工具。我做心理工作已经12年，自从2011我单位建立全军心理危机干预热线以来，我就一直在做心理热线接线员的岗前培训和督导考核工作。虽然我们建立了统一规范的工作流程和工作要求，但是每个接线员完成咨询后的效果和感受都会不同。心理工作做得久了，我们都知道来访者的问题通常是“1+1 ≠ 2”。为什么这么说呢？其中一个“1”是来电者在自己的系统中所形成的认知表达，另一个“1”是接线员在自己的系统中对来电者表达的理解，这两个“1”有可能是完全不同的，这就需要接线员或者咨询师能够有更多的工具，在短短50分钟内，深刻地去了解来电者的系统背景，以便于更加设身处地的在TA的系统背景下工作，才能真正理解TA言语中的深层内涵。

督导后记：“家谱图”对系统创伤的精准诠释

两天后这个男孩再次打来电话，由于疫情管控，我们调整成了两人三天的值班制度，刚好还是这位接线员接到电话，她很灵活地将上次督导中的疑问在这次电话中进行了澄清，我特别想夸的是这位接线员所采用的方法——家谱图。为了让非专业以及初学心理治疗的读者对于案例有更加深刻的理解，我先来介绍一下家谱图。

家谱图是家庭治疗中的一种重要技术，是理解家庭模式的实用工具之一。家谱图中记录有至少三代家庭成员的信息和他们之间的关系，它不仅能够家庭信息直观生动地展示出来，把复杂家庭模式的完整形态快速地呈现于眼前；还有助于我们提出许多关于案例的假设，能够展示出该症状在这样的家庭环境是怎样随着时间的推移而变化的。

据我所知，在我国，学过家庭治疗的临床心理治疗师都会将绘制家谱图作为综合临床评估的重要组成部分，它可以帮助治疗师了解家庭包括哪些成员，他们当前和以往的生活状况；可以让治疗师对病人的症状有更完善的评估和更深入的解读，从而进一步对来访者的问题根源提出假设。虽然家谱图并不能简单而刻板地作为临床评估工具使用，但它对于提高治疗师的感知能力，让治疗师能够更敏锐地捕捉到与当前问题反映有关的家庭系统问题。在应用时需要注意的是，在临床治疗过程中最关键的是人，人总在不断的发展变化，因此对于利用家谱图的呈现而提出的治疗假设也不能孤立存在，一定要在来访者的变化中不断的修正。也正因为如此，家谱图也是一个动态图谱，通常会根据与来访者或者患者第一次谈话时所收集到的信息构建，并在随后的工作中不断修正。

为了更加清晰地展现图谱信息，我通常还会制作一个家庭大事年表，以年代为顺序描述家庭历史，作为家谱图的补充。如果来访者有比较明显的创伤体验，我还会在家谱图上增加纵横两条坐标，标记来访者的成长线，也可以叫人生线，这样更能够清晰地表露出来访者在什么年龄经历过创伤，这个创伤与家庭可能有什么样的因果关系。家谱图的符号都是经过标准化的，既包括性别、年龄、疾病史等生物学“硬”指标，还包括个性特征、成员间的相互关系、交往模式、代际遗传、职业、有无重大家庭生活事件等心理社会学意义上的“软”指标。

家谱图一般分为 3 种：（1）基本家谱图：主要是描述家庭成员的姓名、性别、出生以及死亡日期（也可以只注明年龄，但咨询师要在家谱图底部注出画家谱图的具体时间）、家庭成员的婚姻状况（包括结婚、离婚、再婚等情况）、宗教信仰、职业、受教育程度等。这些信息在精神科医生首诊或者心理治疗的初始访谈中都需要采集。使用家谱图可以使这些信息一目了然。

基本家谱图除了包括上述内容外，还要包括那些与整个家庭居住在一起、但不属于这个家庭中的人，如有些家庭中有保姆与家庭成员生活在一起，TA 虽不是家庭成员，但在某种程度上也是这个家庭的一部分。基本家谱图可以回答谁是这个家庭中的成员？他们如何构成一个家庭（通过血亲关系、婚姻关系或是收养关系）？家庭成员何时来到这个家庭（出生时间、出生顺序、结婚时间、收养时间等）？何时离开这个家庭（死亡时间、分居或离婚时间等）？（2）距离家谱图：是对基本家谱图的扩展，加入了描述家庭成员关系的元素，即将家庭关系模式的表示符号加入基本家谱图中，用于了解家庭成员间的心理和感情距离；（3）细节家谱图：在基本家谱图的基础上，添加更多的与咨询和治疗相关的信息。 细节家谱图并没有特定的要求和规则，其主要包括发生在家庭中的一些特定的生活事件。家庭成员的健康问题，特别是一些重大的疾病或医疗事件（如家庭中有成员长期患病或有成员得了不治之症等）、主要的人格特征、不寻常的境遇或巧合、家庭成员的角色、家庭的传统、信念、禁忌等都可以包括在细节家谱图中。许多有意义的内容都可以填入细节家谱图。使用细节家谱图通常是根据咨询过程的需要，只探索一个主题方面的细节，围绕一个主题探索其独特的模式、来访者的主观感受和印象。因此，细节家谱图也可以是主题家谱图，如职业家谱图就是一种以职业为主题的家谱图。细节家谱图可以帮助来访者和咨询师对所关心的特定问题进行深入探讨。

看了上面的介绍，相信读者对家谱图已经有了一定的了解，那么具体到实践层面，咨询中应用家谱图，还有一些问题需要澄清。

1. 准备画家谱图时，需要对病人说明什么？

我们需要向来访者介绍绘制家谱图的目的，讲解家谱图的基本符号。

2. 为什么要画家谱图？

对一般的咨询与治疗而言，治疗师要将了解家庭关系及家庭历史的目的向来访者交代清楚。

3. 家谱图由谁来画？

部分人支持由治疗师来绘制家谱图，觉得咨询师更加专业，懂得绘制的方法，如果让来访者来画，还要提前教给TA，会耽误咨询时间。也有人说，只有来访者最清楚自己的家族，而且家谱图是动态图谱，应该由来访者自己画。我更倾向于两个人一起画，在咨询中可以边谈边画，尽量由来访者执笔，由咨询师和来访者一起绘制家谱图，这样不但可以促进来访者的投入，还能让来访者自己从家谱图中得到一些顿悟。

4. 具体怎么画？

第一步，先要用基本符号画出来访者的基本家庭结构。通常先画来访者及其父母或者子女两代人的家庭，接着是目前一起居住的家庭及其成员，然后再加入祖父母及父母的兄弟姐妹。

第二步，完成家谱图的基本框架之后，添加有关家庭的信息。人口学方面的信息（包括来访者的出生时间和地点、父母的年龄、来访者出生时父母的年龄、是否有兄弟姐妹、在家里的排行、父母的职业、父母的受教育水平等）、家庭功能方面的信息（包括家庭成员的健康、情绪和行为方面的功能）、重要的家庭生活事件（家庭中的重要转折关系的变化、成功与失败等）。家庭信息的收集是通过访谈的形式完成的，信息收集具体内容的多少和广泛程度由使用家谱图的目的和咨询的目标确定。

第三步，在家谱图上描绘家庭成员的关系。在家庭治疗中，家庭成员关系的特征可以是家庭成员自己叙述的，也可以是咨询员自己观察的。

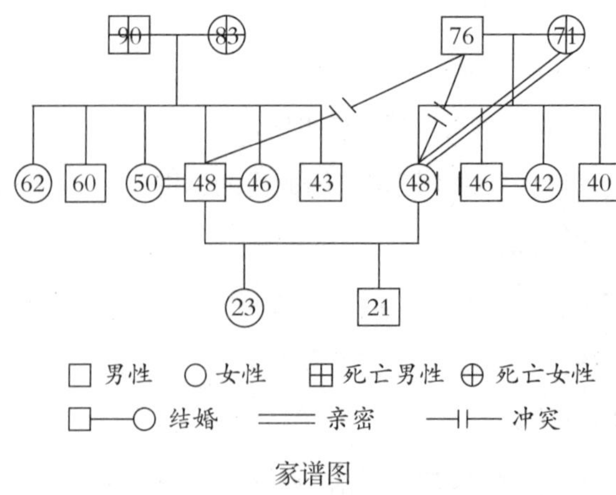

家谱图

上图是取自江雅琴、赵欣颖2014年在《社会心理科学》杂志上发表的《基于萨提亚家庭治疗的自我剖析》一文，是一个家谱图符号和结构的示意图，通过这些符号，可以绘制最简单的家谱图。还记得我督导的那个案例吗？现在我们来看看接线员第二次接到17岁高三男生电话后，为男孩绘制的家谱图。

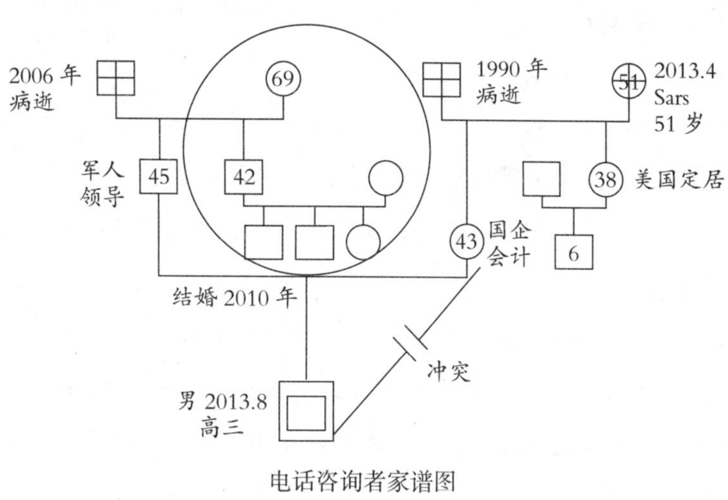

电话咨询者家谱图

探索、解释和分析家谱图是使用家谱图最具有咨询功效的一步，治疗师可以通过让来访者绘制并描述家谱图来促进来访者的反思和领悟。在上图中，大家看到了什么？这个家谱图是接线员在咨询的过程中根据来电者的描述画的，来电者在电话另一端根据接线员的指导同时在画，这个是接线员画完以后给我拍摄的照片。这幅家谱图并不是非常正规和完整的，里面还有很多缺失信息，比如叔叔是做什么工作的、爷爷去世的具体时间和原因等，这些信息男生在咨询的时候都还不是很清楚。看这幅图已经可以看到男生家庭系统的基本结构，他的原生家庭是一个三口之家，他是2013年出生的独生子，母亲是一名国企的会计，父亲是一名军官。母亲有一个妹妹，在美国定居；父亲有一个弟弟，奶奶健在，和他的叔叔一家生活在一起；爷爷在父亲结婚前去世，姥爷和姥姥都是在男孩出生前去世的。妈妈这边有两个非常突出的创伤史，一个是姥爷在1990年母亲还年幼时就过世了；另一个就是姥姥，她的死亡时间2013年4月，死亡原因是感染SARS。关于祖辈的这三个死亡时间，看起来只有姥姥的男孩能记得清楚。还有很多有关理解母亲的重要线索，可以从对话中看出来，我整理了一段电话录音文字稿来呈现：

……

接线员：“你画完了吗？”

男孩：“画完了。”

接线员：“你看到了什么？”

男孩：“我觉得我妈挺可怜的。”

接线员：“怎么会有了这样的感觉？你不是挺烦你妈妈吗？”

男孩：“姥姥、姥爷都去世了，小姨在美国，爸爸现在也不在身边，我妈现在只有我。”

接线员：“爸爸现在不在家吗？”

男孩：“是的，他2017年跟着部队去东北了，一年回不来两次。”

接线员：“哦，是这样啊，我说怎么你和妈妈吵架，你爸也不管。还看到了什么？”

男孩：“非典，跟现在一样。”

接线员：“你很敏锐啊，多说一点，哪里一样？”

男孩：“现在这个不是叫新型冠状病毒肺炎吗？我看新闻说这两种很像，虽然那个时候我还没有出生，但是我经常听妈妈提起，说姥姥去世是她害的。”

接线员：“哦？”

男孩：“哎，看来我妈真的挺不容易的。”

（沉默）

接线员：“你刚刚一直在沉默，愿意分享给我听吗？”

男孩：“我觉得我也挺不懂事的。小时候常听妈妈说怀着我的那一年挺不容易的，我爸跟现在一样，跟我妈也是两地分居，当时好像在石家庄吧，周末才能回来，我妈怀孕就是我姥姥在照顾。原本小姨那年计划让姥姥去美国看她的，因为妈妈怀了我，就没去。后来北京成了非典疫区，我估计就跟现在的武汉一样吧，姥姥每天出门买菜做饭，都不知道怎么就被传染了。当时老年人估计也是防护意识不强，我妈说特别快，就是清明节那天凌晨，人就没了。由于我妈怀孕，后事都是我爸回来操办的，没让她见姥姥最后一面，也没有告别。所以这次疫情一开始，感觉她就有点神神道道的，天天让我吃两个白水煮蛋，一袋牛奶，晚上还要加餐，两天喝一次鸡汤，我都吃得恶心了，说什么专家推荐喝鸡汤，吃鸡蛋可以增强抵抗力。”

接线员：“哦，上次你说的扔鸡蛋在你脸上，就是因为这个？”

男孩：“是的，当时我已经吃了一个鸡蛋了，她非要我再吃一个。”

接线员：“那现在你想起这些是什么感受？”

男孩：“哎，我觉得，我应该对妈妈更有耐心吧。”

接线员：“还想到了什么吗？”

男孩：“我真的觉得我挺不懂事的。初中住校是妈妈提出来要培养锻炼我，当时我不愿意住校，后来我习惯了自己生活以后，就不太喜欢回家，尤其是爸爸去东北以后，我每次回家，我妈都唠哩唠叨跟我说一堆话，我觉得跟我也没啥关系，再说了，人生道理，也不是父母教会的，路还是要自己走吧，所以我都懒得听，觉得他们思想落伍了，没有对话的欲望。”

接线员：“现在呢？”

男孩：“现在？我也不知道，因为我现在也不知道怎么跟妈妈沟通，而且刚刚我跟你说了，昨晚我们又发生了冲突，要不也不会现在给你打电话了。”

接线员：“你说的，我都听明白了，今天画了家谱图以后，你似乎原谅妈妈，甚至有些理解她了，你也想让你们的关系有所改变，向好的方面改变，只不过你现在还没有好的办法，是吗？”

男孩：“嗯，差不多吧。”

接线员：“其实看到你这样说，我觉得挺欣慰的，我们通过两次电话了，和上一次相比，你好像一下子长大了，真的有了男子汉的那种胸襟和担当，和妈妈的关系如何调整，我想你自己会想到办法的，只要你是从心底里不再怨恨妈妈，我想她会感受到的。”

男孩：“嗯，谢谢你，大不了就是每天坚持两个鸡蛋呗，也没啥了不起，我可以吃到吐，不让她看见就行了……”

接线员：“我觉得挂断电话后，有可能你会想到更聪明的办法，你愿意尝试吗？”

男孩：“好的，愿意，我试试吧。”

……

听到这段录音时，我替那个妈妈感到欣慰，同时挥之不去的伤痛也全都涌现出来，一个坚强的女人，她同时是女儿、姐姐、妻子和母亲，在这场突发的疫情中，她不仅缺乏支持，还引发了17年以前，甚至更早的一直没能完成的对母亲和父亲的哀悼，此刻家庭没有一个人可以支持到她，好在此刻唯一的儿子，已经有些明白她了，我衷心地希望这个儿子能够在后面的日子里给母亲多一些安慰和陪伴，共同度过这段最艰难的时期。

在我写这篇文章时，这个男孩没有再打来电话，选中这个案例，也完全是出于偶然，没有想到冥冥之中，竟然有如此巧合的事情。也希望读者们能够通过这个案例，对家庭系统，对家谱图，对心理干预和心理治疗有更深的理解。

结　语

庚子鼠年的这场疫情已经逐渐步入尾声，除湖北以外这些天新确认病例连续下降或者为零，但给我们留下的教训却记忆犹新。病毒对每个人都是公平的，它不会因为你是领导、院士、艺术家、富翁就对你网开一面；也不会因为你普通、平庸、贫困就必须侵入你，也许少出门，做好足够的防护才能在这场灾难中更好地保护自己。请记住，只有保护好你自己，保护好家庭，才能最大可能地维护国家的安稳，不要小瞧自己，每个人都是我们系统中重要的一环。

（汤泉）

第九章

是什么触动了我，让我身心如此痛苦

——认识积极家庭心理治疗

所有的应激过后，都会有改变，需要我们去重新适应，并为之做出努力。但有时候，我们在彼此的变化中，完全失去了控制力。“是什么触动了我，让我身心如此痛苦。”

让我们学习一下积极家庭心理治疗方法，来有效疗愈和保护我们的身心和家庭。

这就是我们日常会面对的生活：

一个孩子从外面回来以后，把背包抛到了房间的一个角落里。母亲正在给全家人做饭，听到响动，知道孩子回来了，探头出来想和孩子打个招呼，却看到这些，一下变得极为气愤，她想把孩子叫过来把背包捡起来，但是因为太过生气，以致于激动过度说不出话来，甚至放声大哭，全身颤抖。

孩子吓坏了，想去安抚妈妈，但不知所措。父亲此时也不在家。

妈妈终于平静下来了，泪水不停地流下，按着上腹部，无力而难受。

每次情绪不好时，胃部就会疼痛。

妈妈虚弱地说："你知道外面带回的东西不能乱扔吗？疫情刚稳定了，多不容易，我们那么小心翼翼怕被传染，而你怎么能一点也不注意？而且，而且，我和你说过很多次，家里整洁是极为重要的。"

言语间又有哽咽，心中的怨气不能平复，胃部更加难受。孩子把书包拿起，放在了书桌旁。

"妈妈，你吃点药吗？"

"不用管我，你把手洗干净，书桌收拾好，做你的作业。"

气氛比较压抑，孩子洗完手，默默拿起书，翻着，但不时看看妈妈。

妈妈试图重新去做饭。

这时，父亲回家了，把外套随意一搭，问了声，"饭做好了吗？"他并没有关注到爱人的情绪和身体状态。

妈妈情绪再次激动，"你在外面穿过的衣服，能放在靠近门的地方吗？疫情还怕有反弹呢，一点也不长记性，孩子一回来就乱扔东西的坏习惯，都是受你的影响！"

（孩子跑出来）

"我妈妈生气了，胃疼。"

"怎么回事，每次生气就胃疼。你不能不惹你妈生气吗？"

孩子很委屈。

"这疫情不基本过去了吗，而且我也没去过什么特殊的地方，至于吗？"父亲愤慨地说。

"整洁是极为重要的。"

妈妈再次因为激动而哽咽，心慌气短，她靠近厨房的门，发抖，呼吸急促。

第二天去医院检查，心电图无异常，胃部仅为慢性炎症，没有特别的临床指征，建议到心理科就诊。

母亲作为患者，问医生："我情绪激动时，为什么会出现胃部不适、心慌？"医生给予解释，她能够逐渐明白躯体不适是对待冲突的一种方式。

以下是较为详细可以参考的资料：

对待冲突的方式有几种？

积极家庭心理治疗由前联邦德国佩塞施基安医生创立，它是这样描述对待冲突的方式的：在每个人的成长过程中，我们对待冲突形成了某些自己的特定模式，目前大体上分为四种。

第一种是**成就**。即解决问题，倾向于通过以工作事业为重，实际上是投入到工作去回避。通过实现自己的价值，用外在的价值平衡或压制面对的冲突。

第二种是**接触**。可以理解是一种借助人际的社交，强化与外在的关系联结，在社会交往中，获得帮助或替代冲突。它包括夫妻间的亲密及性接触，或者是人与人之间的对外或者对内，以及家庭之间的社会交往。

第三种对待冲突的方式是**幻想**。就是会沉浸于某一个对未来的想象，或是对面临困难的一种想象，采取用直觉去表达的方式。

第四种是在临床上常见的对待冲突的方式——**躯体**。我们需要承认，身体和我们自己一样，总会有弱点，有最容易被击中的地方。比如有人会在紧张时出现心脑血管方面的问题，血压升高，心悸，甚至大脑出现供血问题，严重者出现心梗、脑血管意外等。有人会出现消化系统问题，胃痉挛，腹泻，甚至胃溃疡出血等。当然，这有遗传特质，但也受神经—内分泌—免疫等多个系统的调节。更重要的是，我们或有意或无意，固化了这些感觉用躯体来表达、对待我们的冲突，甚至常常“选择”某一个器官来表达我们的情绪状态，这与我们生活经历中自我的“训练和培养”有关系。偶然出现的某次因为应激产生的躯体反应受到关注，并恰好成功地平衡了当时面对的冲突，或者转移了冲突，我们便会在躯体和大脑中建立一条认为有价值的绿色通道，并进入记忆，一旦引起情绪，便可以毫不费力地激发整套生理应对系统，产生躯体不适，强化感受。事实上，我们在诊疗中发现，采用躯体症状这种方式来表达冲突，对待冲突的中国人并不少见，可能在某种程度上还是多发的，但是很多人并未意识到。

如何区分和认识这些应对方式?

“个体是用什么方式来面对冲突的，对我们去分析这个人以什么方式来表达他的情绪和现在疾病状态是很有意义的。”

表现冲突的形式当然是很多样的，它是用每个人的观念、愿望和冲突建立起来的。比如说，父亲会以从工作或者是成就中逃脱出来的形式去处理他现在面对的问题；而母亲会用退出或不愿意参加社交活动这种避免接触的形式来表达她的冲突；儿童可能会以幻想的形式，在自己的大脑空间表达他的冲突。那么，这样就可能导致不一致的反应和相互沟通的问题。但事实上，个体采取回避冲突、面对冲突，或者试着去解决冲突的方式，在很大程度上是根据我们以往在人际中建立的某些关系，或与原来我们早期形成人格的冲突及产生的一些条件反射有关。尤其是跟我们最亲密的人，包括父母、原生家庭，或者既往成长过程中重要的某些人群密切相关。

我们试着把痛苦情绪从躯体上先剥离开来，找一下痛苦和愤怒的真正源头。

母亲最初认识到，她的愤怒和痛苦是基于这样一个看法“整洁很重要”，因为这场疫情强化了整洁的必要性，关系到生命健康，以及整洁是她所重视的做人和生活原则。而现实中，这个原则被破坏了。

当面对这些冲突时，我们有必要继续澄清。无论你用什么方式去对待它，冲突其实只有两种：一种是真正冲突，一种是基本冲突。

真正冲突，是由于真实问题而产生的冲突。比如工作、婚姻问题，子女和父母间的矛盾，这些冲突会触发急性症状。有个比喻是这样讲的：所有的这种真正冲突，就像一滴水滴进已经满了的桶里，它引起外溢，其实是源于很长时间那么多滴水的积累。此时我们需要认真去分析它，是什么积累下来了？它积累的是什么？而这些积累，才是我们需要关注的，这就叫基本冲突。基本冲突，是与人格和家庭活动规则紧密联系的一组概念，这些概念是人格发展早期阶段获得的，所以称之为基本冲突。关注真正冲突的时候，需要再往深里挖掘一步，那就是基本冲突。

当现实的真正冲突被指出来以后，我们这时候发现，她关注的是小孩把背包扔到角落了吗？这只是一个外因，而内在的核心是她认为自己守护的基本观念、最基本的核心东西被触及——“整洁是极为重要的。”

我们看一看她的基本冲突：

“为什么大发雷霆？”因为刚刚经历的疫情，让她恐惧，担心疾病，害怕生命被威胁和死亡。

另外，值得注意的是在她人生中有过幼年被严格要求整洁的经历。

她的整洁受人关注，并被肯定和鼓励，这是她和大人（家庭、家族、社会）的连接，所以她一直重视并保持着整洁，并在后来的生活中，在行为上就模仿了上一辈留给她的传统。

在情感上，她形成了这样一种思维，即她作为母亲对家庭做出了牺牲，甚至忽视了自我，通过维护这个原则，被大家认同。

现实生活中，丈夫并没有顾及她，她本人也很少和朋友接触。

她关注小孩，主要原因是作为母亲把希望寄托于小孩身上，并通过关注他的行为，让他认同和服从，并保持这种连接。

她固有的观点是，如果一个人具备“整洁和服从”的特点，就表明了这个人是正派、有良好素质、并被大家认可的。

在她眼中，孩子刚才的这种行为是抗拒、忘恩负义和不公正的，她感觉到深深的无力和无助，所以会发生前面那一幕。

由此可以看到，当谈到冲突的时候，有必要再往前发掘一步，就是家庭中会有一些根深蒂固的观念，形成了个体行为和实际能力的基础。

这位母亲在梳理的过程中，发现了情绪的背后有这么多的关系和牵连，理解因为要去面对人际关系而形成的各种准则，每天都会去应用的这种准则，在我们疾病的深层次结构里起着推波助澜的作用。

这单纯的看起来是个人的行为，我们称其为实际能力。但是，实际上可能是牵连着一个家庭，甚至一个家族长期以来形成的一些潜在冲突的源头。那么，让我们继续去寻找这个源头吧！

积极家庭心理治疗的作者用了八年的时间，归纳出以下描述实际能力的词汇。他把实际能力划分成两个范畴：继发性能力和原发性能力。继发性能力是指一个人的认识能力和领悟能力，反映了一个人所属的社会集团对成就的看法。继发能力包括以下这些词汇，大家可以试着去理解一下。比如守时、清洁、秩序、服从、礼貌、诚实、忠诚、公正、勤奋、成就、节约、可靠性、精确性、认真等。在日常的描述生活、估计和判断时，继发能力起着决定性的作用。

原发性的能力，是针对爱的能力，是在人际关系中发生的，通常与休戚相关的人特别是父母有关，包括爱、榜样、耐心、接触、信任、幸福、希望、怀疑、团结、确定等。原发性的能力是情感的先决条件。

实际能力可以以积极或消极的方式出现。家庭成员之间的关系或地位，不仅取决于实际能力的表现，也取决于是积极还是消极地对待冲突。一般来说，实际能力的双重性是解决冲突的关键。

因而，我们可以与家人一起去评估和评价这些原发性能力和继发性能力，然后，综合这种多元性的评价（虽然是主观性的）各自拿来进行相互比较，去重新发现问题，发现不同。

比如：

整洁和爱的关系

服从和信任的关系

克制和自发的关系

孩子做了澄清，他并非蓄意破坏，只是觉得在家里目前他的空间可能更需要一个放松的状态，而不是依然像学校，或者甚至比学校还严格。但是他想，一个整洁而舒适的环境，可能会更令人接受。

母亲对自己的原则进行了梳理，关注到当前事件以及自我成长的过程中，一些原则和一些家族中的概念的融合和人际关系的附加信息，导致对一些问题的复杂化，引起情感上的爆发。她愿意重新理解和面对这些冲突，接纳家人现实的意愿。

父亲也听取了这些背后的原因，这是他的经历中没有过的，所以，以往并没有注意，现在开始理解妻子，愿意尊重妻子的原则，会抽出更多的时间陪伴妻子和孩子，并学习良好的沟通方式。

于是，母亲带领家人，一起建立了新的家庭原则：整洁而舒适，保持各自的自由空间。

家庭的氛围得到了较好的改善，母亲的躯体疾病也得到了良好的康复。

总结一下：我们在积极家庭心理治疗中，首先要发现家庭成员对待冲突的方式，从方式中再去分析是什么引起了冲突？是来源于真正冲突还是基本的冲突？最好发掘到基本冲突。在这种基本冲突的分析过程中，我们分析了人际关系，尤其是与核心家庭来源最亲密、休戚相关的一些关系，形成家庭的一些准则和概念；然后，再去对这些概念进行比较和分析，重新去看待冲突发生的源头。

在整个积极家庭治疗中，实际上是五个步骤。

第一步是观察距离阶段。痛苦者之所以生病，实际上是由于他的卷入。观察和距离这两个概念强调的是，让承受着痛苦的人去有距离地观察自己，可以和熟悉的人或者医生等进行关于个人的描述，并对生活背景以及家人的情况进行相关回顾。

第二步调查编排阶段。在这个阶段，了解家庭的模式，学习系统的解释。用积极家庭心理治疗作为自我帮助的一个手段。首先，进行对待冲突方式的调查和实际能力的调查；然后，在实际冲突和基本冲突中进行分析，并针对性地去做督导和自我帮助方式的提问。当完成上述任务以后，病人会对自我状态有一个更好的了解，或者家庭对病人状态和自我之间的状态也会有一个了解。

第三步环境鼓励阶段。此阶段对于家庭治疗极为重要。当一个家庭只注意他们的矛盾的时候，环境就会变得糟糕，以至于没有人可以控制它。如果我们能使家庭团结到一起，而不去考虑矛盾；鼓励家庭成员回忆那些被他们遗忘的积极因素；甚至用建设性的态度去解决家庭冲突；对一些引起痛苦的概念，或者是认为不可以去反驳的价值去重新审视，甚至给予一个反概念，或是鼓励性的积极提示，将会有助于现状的改善。比如有些神经性厌食的患者，我们可以给予一个提示："在神经性厌食的过程中，这个患者体现了极度的节制和自制力。"甚至临床上会用反概念去重新解释他现在面对的问题，如我们认为配偶的某些行为是有问题的，但是在治疗过程中，我们允许配偶以这种模式去执行，去操作一些事情，但我们要在同时，去发现一些积极的意义，同时提供一些可以去转化改善的机会。

第四步言语表达阶段。当通过促进鼓励、再一次积极解释，达到长足的进步时，我们就要进入言语表达这个治疗阶段里。重点是我们如何把握礼貌和诚实的关系，需要用我们的言语去克服。

以下方法转自马歇尔·卢森堡《非暴力沟通》：

学会用心倾听他人。在非暴力沟通中，倾听他人意味着放下已有的想法和判断，一心一意地体会他人。在倾听的过程中，避免使用建议、比较、说教、安慰或者辩解等方式，使对方好受一点。实际上，我们不需要这么做，只要认真听，并和他一起感受就好了。因为你不是他，你不能替代他，你能做的就是让他得到一种宣泄。

我真是很笨，总学不会！	只要多多练习你一定会进步的！	×
	你好像最近有些沮丧，是吗？	√
我说什么孩子都听不进去！	这个年纪的孩子都会这样的！	×
	听起来，你很伤心，希望找到和孩子沟通的办法。	√
你从不好好听我说话！	我没有啊！	×
	听起来，你很失望，你需要体贴和理解，是吗？	√

爱护自己。沟通是双向的，除了考虑别人的感受，也要懂得保护自己。就是我们常说的，不要拿别人的错误，来惩罚自己。深入理解我们的行为动机，用"选择做"来取代"不得不"，不是为了讨好他人，陷入自我惩罚。

事件	反应	反思
当我们表现得不完美	“笨蛋！”× “我真的应该减肥了”×	我想要满足自己什么需求？√
当我们试图回避责任	“我不得不做家务”× “我不得不学习，我要找份好工作”×	我选择做____________。 是因为我想____________。

表达和接受感激。向对方表达时，说出对我们有帮助的行为，我们的哪些需要得到满足以及需要满足之后的心情。

表达愤怒。当我们愤怒的时候，有人会跟我们说“不要生气、接受现实”这样的话，我们已经听得太多了，听这样的话有时候感觉在被教训。我们没有兴趣再听一些大道理，我们想要学习一些实用的知识来减轻痛苦。非暴力沟通不主张忽视或者压抑愤怒，通过深入的了解愤怒，我们可以充分表达内心的渴望。如果想充分表达愤怒，我们就不能归咎他人，而是把注意力放在自己的感受和需要上。

1. 停下来，除了呼吸，什么都别做；

2. 想一想是什么想法使我们生气了；

3. 体会自己的需要；

4. 倾听他人在得到倾听和理解之后，他们也可以静下心来体会我们的感受和需要；

5. 表达感受和尚未满足的需要。

	观察	感受	需求	请求帮助
表达自己	我看到……	我觉得……	是因为……	我希望……
帮助对方表达	我看到你……	你觉得……对吗?	为什么呢……	你希望我们能在一起……

非暴力沟通的目标：建立连接，与他人建立连接，与自己建立连接。

你越是留意自己内心的声音，就越能够听到别人的声音。

积极家庭心理治疗其实是一个整合性的治疗。这个言语表达阶段，就是我们既需要遵从礼貌，还要尊重我们的诚实，在某些场合这其实是一个矛盾。

对于某些冲突表达的时候，可能礼貌会妨碍了我们对实际需求的探讨。此时，可以借鉴心理学方法去讨论，经过言语的表达，形成我们自己的可以理解的、沟通的活动规则，就可以更好地、更加诚实地面对我们自己。

第五步扩大目标阶段。就是让病人成为治疗者。在整个过程中，其实我们也结合了家庭。成功的自我疗愈，就是对自己的状态有了更好的理解，或个体能力已经加强，可以不再需要别人的治疗，也就是说病人可以脱离治疗。最终起到终生自我帮助的作用，进而把这种力量推广到生活中，并惠及其他每一位家庭成员。

总　结

通过对积极家庭治疗理论与实践的学习，我们可以再次辨认心身疾病以及躯体不适，让躯体不再完全成为冲突的代言人，并能够通过自己的改建能力，帮助家人，让家人之间可以更符合现实的原则来生活，并且学会了如何良好的处理自己的困扰，如何在冲突中发问。透过现象看到本质，痛苦便不会长留，更深刻的积极心理关系也就建立起来了。

（侯艳红）

第十章

身心康复的传统瑰宝

——经络催眠疗法

己亥与庚子交替之际，突如其来的新型冠状病毒肺炎疫情带给了人们巨大的冲击，不仅影响了人们的健康与安全，而且还严重冲击着人们的心理。多个报道和研究都指出，在与病毒争分夺秒搏斗的这段时间里，中医起到了极为重要的作用。比如成都中医药大学附属医院重症医学科结合了中西医各自精粹，既开展国际顶尖的ECMO（体外膜肺氧合技术）、CBP（血液净化技术）、ENB（电磁导航支气管镜）等技术，也广泛开展针灸、中药汤剂、中药熏洗、五音疗疾、中医特色功法等各项中医特色治疗。医护人员还带领戴着氧气面罩的患者练习五禽戏，以期用于患者的早期活动与肺康复，以减少深静脉血栓发生，降低谵妄发生率，同时锻炼肺功能。最重要的是在紧张的气氛中缓解患者焦虑的心情，给他们带去信心。同样起到放松身心作用的还有中医养生操——八段锦，方舱医院里面医护和患者翩翩起舞共练八段锦的场景甚是感人。就连钟南山院士都说：抵抗疫情最好的办法，就是锻炼身体，提升自身免疫力。所以不妨每天练练“八段锦”，这是老祖宗传下的瑰宝之一。

是的，我们老祖宗留下来的传统文化应该得以传承，不应该被忘记，更不应该被嫌弃。虽然多年来一直受西医的教育，但我要说我的过敏是中医调理好的。它的优势在于治未病，也许有些方面西医能够更快地解决问题，但是大家必须还要知道咱们中医博大精深，千年流传下来的经络更是惠泽众人。年轻的一代应该对中医有一些认识，应该思考如何去将它发扬光大。对于不熟悉的事物我们应该保持着好奇和学习的心态，而不是想当然的否定。

为中医扬名了这么半天，大家可能已经猜到我的目的，的确，我今天要推荐的一个良方就是与中医有关的——经络催眠。

什么是催眠和经络催眠？ 为了解释什么是经络催眠，我们需要先了解一下催眠。催眠（hypnosis）是对人或动物用刺激视觉、听觉或触觉引起睡眠状态，对人还可以采用言语暗示。1986 年出版的《简明大不列颠百科全书》对催眠的定义是：类似于睡眠，但对刺激尚保持多种形式反应的心理状态。受试者似乎只与催眠师保持联系，自动地、不加批判地按照暗示来感知刺激，甚至引起记忆、自我意识的变化。暗示的效果还延续到催眠后的觉醒活动中。

朱智贤先生主编的《心理学大辞典》相关条目的解释：催眠是指以催眠术诱起的使人的意识范围变窄、意识处于恍惚的状态。美国学者艾瑞克森认为：催眠是从一种意识到另外一种意识情境中的状态，并一直持续在这个状态中，或从一种意识到潜意识的状态。

部分研究学者认为：催眠是人接受适当的暗示（如身心放松、单调刺激、集中注意力、意境想象等）后产生的一种特殊的大脑皮层及皮下组织的活动状态；在这种活动状态下，人的自主判断、自主意愿活动减弱，对外界的感觉、知觉产生收敛性指向，并使心理对生理的控制力量发挥到最高水平。精神分析学家弗洛伊德坚信：催眠术是开启无意识门户的金钥匙。简单说，催眠就是被试服从、退行、信任，选择性注意服从，注意力狭窄，是一种意识状态到另一种意识状态的呈现。

而经络催眠是以中医经络及五脏藏神理论为基础，结合现代催眠理念，通过对经络穴位的点、压、推拿等手法，运用催眠指导语进行暗示，将被催眠者导入一种意识状态，进行身心调理和治疗的一种操作性催眠技术。从本质上讲，暗示是催眠现象的心理机制。事实上，正是借助积极暗示的力量，催眠师才能将受试者引入催眠状态，进而进行心理健康维护。

经络催眠有哪些特点呢？经络催眠有两大特点：一是，通过声波振动让信息多通路传递给求助者，提高其感受性，激发其经络之气。由此形成的能量共振，快速有效地调节求助者脏腑功能和情志，达到持久的催眠作用；同时更快速有效地通经络、合气血、平阴阳，从而达到心理、生理双重调节，使催眠作用更持久、显著；此外，能够缓解肌肉紧张、恢复精力和体力，暗示提升免疫力，加快康复进程。二是，要通过经络穴位的点、压、推拿等方法进行。经络是运行全身气血、联络脏腑肢节、沟通表里、上下、内外以及调节体内各部分功能活动的通路，是人体特有的组织结构和联络系统。所以，疏通经络结合声音催眠可以快速有效地调节其脏腑功能和情志，达到身、心、神合一。

较传统催眠而言，经络催眠的内容更丰富、适用范围更广泛，尤其是在医学应用方面，打破了以往传统催眠对疾病治疗方面的很多局限，特别是对现代医学面临的疑难杂症、身心疾病、慢性疾病等，具有神奇而快速的疗愈效果。这种方法巧妙地将中医经络点穴技术结合到催眠诱导和治疗之中，成为一种新创的催眠科学技术，并以其独有的功效，成为极具中国特色的催眠心理调整技术。

催眠与睡眠是一样的吗？大家会好奇，催眠不是催自我入睡吗？下面，请看，催眠与睡眠的区别：

催眠与睡眠的不同特征

	催眠	睡眠
1	催眠是以精神作用为主，是操作者与受试者之间的相互作用，属于人为的。	睡眠是以生理作用为主，属于自主行为。
2	催眠状态不仅可以慢慢进入，也可以在瞬间进入。（举例）	睡眠状态一般经过入睡、浅睡、深睡和延续深睡四个阶段。

（续表）

	催眠	睡眠
3	受试者在催眠前，注意力集中在一个“放松”意念上。	睡眠者在入睡前的注意力不依附于任何外部因素。
4	催眠不仅可以消除疲劳，而且具有分析和调理心理问题与冲突的作用。	睡眠仅仅具有消除疲劳的作用。
5	受试者在催眠状态中，能接受暗示指令，觉醒以后，催眠后暗示仍然能够起作用。	在睡眠状态中，一般不接受暗示。
6	处于催眠状态中的人，潜意识高度活跃，根据催眠师的暗示指令，可以与他人进行交流和沟通。	睡眠状态中的人除了做梦不与外界有任何交流和沟通
7	受试者一旦被催眠师唤醒进入清醒状态，立即感到精神振奋，神清气爽。	睡眠状态中的人刚醒来时，大脑皮层处于缓慢兴奋的状态，大脑抑制是逐渐解除的过程。
8	处于催眠状态的人，其视觉、听觉、嗅觉、味觉、痛觉等，均可使之产生错觉与幻觉。	睡眠状态中的人则无此可能。
9	处于催眠状态中的人，可以接受指令睁开眼睛，但仍处于催眠状态。	处于睡眠状态中的人，眼睛一睁开，多数已经清醒。
10	催眠师可以使处于睡眠状态中的人转入催眠状态，或对处于催眠状态的人不主动唤醒，让其自然转入睡眠状态，或对处于催眠状态的人，通过暗示，确定其自然转入睡眠状态后自主觉醒的时间。（比如，在指导语中暗示，明早七点你会自动醒来，醒来后……）	处于自主睡眠状态的人，无法自主实现睡眠状态与催眠状态的转换。

经络催眠如何补充心理能量呢？首先，了解一些经络催眠常用的穴位。

1. 百会穴：百会穴位于头顶正中线与两耳尖连线的交叉处。主治中风、头疼、眩晕、失眠。可醒脑升阳，安神定志，常用做接收能量导入催眠的作用。用手点在百会，通过指导语的暗示，可给机体输送能量。

2. 四神聪穴：四神聪穴在头顶部，百会前后左右各 1 寸，共四穴。主治头疼、眩晕、失眠、健忘。有镇定安神，醒脑除烦的作用。在经络催眠调理和实施中常用于排出不良情绪。（悲伤时用到这个穴位）

3. 率谷：于耳尖直上入发际 1.5 寸，角孙穴直上方。正坐或侧伏，在耳郭尖上方，角孙穴之上，入发际 1.5 寸处取穴。主治偏头疼、抑郁。可疏通经络，醒脑开窍。在经络催眠调理和实施中常用于调畅情志。用手推，看是不是有条索状结节，如果有，可能就是焦虑、抑郁情绪存在。

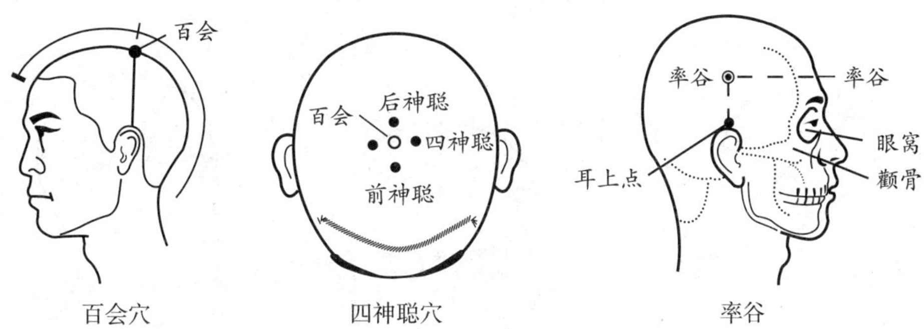

百会穴　　四神聪穴　　率谷

4. 头维穴：于额角发际上 0.5 寸，头正中线旁，距神庭 4.5 寸。主治焦虑、抑郁。可疏经活络，醒脑明目。在经络催眠调理和实施中常用于镇定安神、醒脑明目，放松上额及面部肌肉，起到加深催眠的作用。

5. 颊车穴：位于面颊部，下颌角前上方，耳下大约一横指处，咀嚼时肌肉隆起时出现的凹陷处。左右各一。通络止痛，活血理气。在经络催眠过程中能放松面部肌肉。

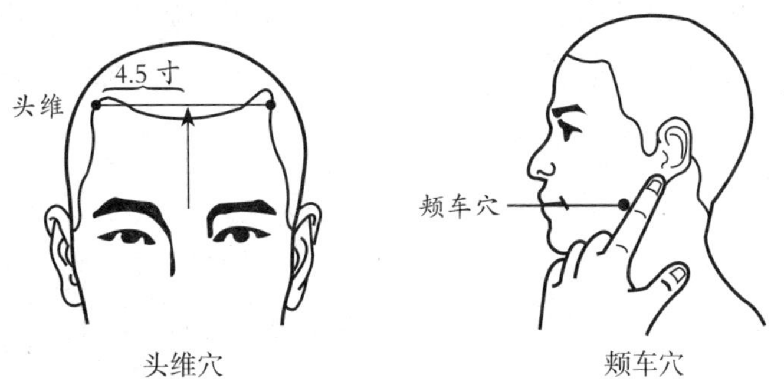

头维穴　　颊车穴

6. 耳门穴：位于面部，在耳屏上切迹的前方，下颌骨髁突后缘，张口有凹陷处。在经络催眠过程中常用于去除不良情绪及唤醒作用。

7. 印堂穴：位于人体额部，在两眉头的中间。主治头痛、眩晕、失眠、惊恐、焦虑。在经络催眠调理和实施中以导入和加深催眠状态为主。

8. 太阳穴：太阳穴在耳郭前面，前额两侧，外眼角延长线的上方。主治偏头痛、抑郁、失眠、头晕、焦虑。有安神止痛，清热除烦的作用。在经络催眠调理和实施中用以加深催眠及排除不良情绪。

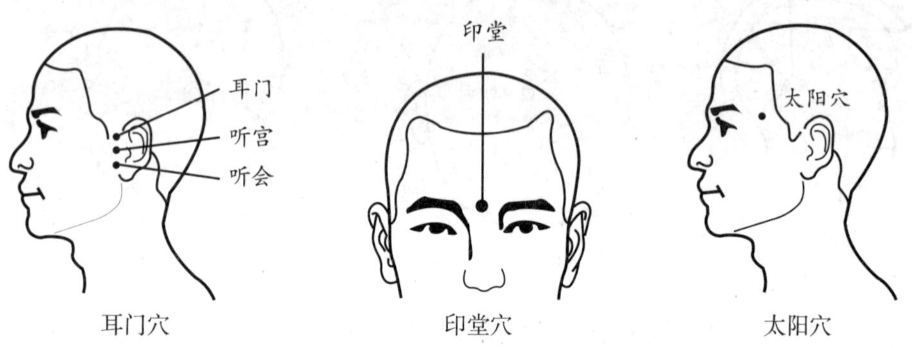

耳门穴　　印堂穴　　太阳穴

9. 风府穴：风府穴位于颈部，后发际正中直上 1 寸，即后背正中一条线，往上，在开始长头发的地方，也就是头发的边缘，用大拇指中间的关节在这个边缘向上比画一横指就是 1 寸（大拇指中间关节就是 1 寸）。主治头痛、眩晕、咽喉肿痛，失音。在经络催眠调理和实施中按压可提供能量入脑。

10. 风池穴：风池穴位于后颈部，后头骨下，两条大筋外缘陷窝中，相当于耳垂平齐。正坐，举臂抬肘，肘约与肩同高，屈肘向头，双手置于耳后，掌心向内，指尖朝上，四指轻扶头（耳上）两侧。大拇指指腹位置的穴位即是。主治颈项强痛、神经症、头晕、失眠、记忆力下降、耳鸣。在经络催眠调理和实施中按压可增加记忆力，称为“记忆的仓库”。

11. 中府穴：位于胸部，横平第 1 肋间隙，锁骨下窝外侧，前正中线旁开 6 寸。清热理气，平调呼吸。在经络催眠调理和实施中使呼吸平稳，上肢放松。

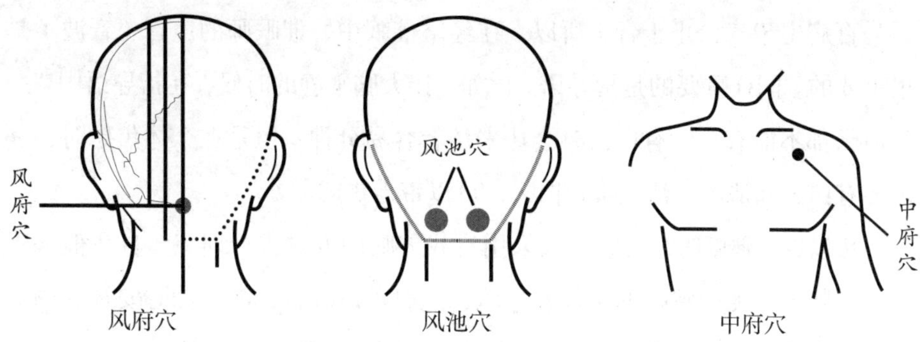

风府穴　　风池穴　　中府穴

12. 内关穴：位于前臂掌侧，在曲泽与大陵的连线上，腕横纹上 2 寸，掌长肌腱与桡侧腕屈肌腱之间。主治焦虑、心悸、癔症、抑郁。宁心安神，理气宽胸。在经络催眠调理和实施中有减缓心率、诱导加深催眠的作用。

13. 曲池穴：屈肘成直角，在肘弯横纹尽头处；屈肘，于尺泽与肱骨外上髁连线的中点处取穴。主治失眠、嗜睡症。主要作用是活血通络、安神定志。在经络催眠调理和实施中具有深化催眠的作用。

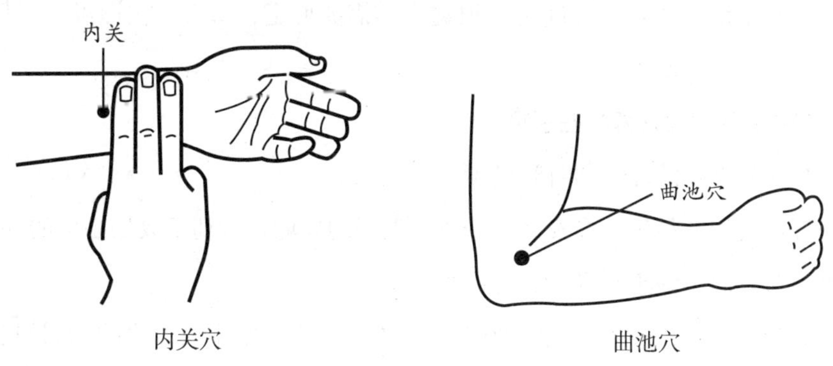

内关穴　　曲池穴

其次，还需要强调的是，早上 9 点钟以后适合催眠，这时候大家精力、体力最充沛，此时自我控制能力好，身体会留下积极愉悦的记忆，包括心理、身体、意识神态等都是最强的时候。你看，是不是和很多人认为的晚上更容易被催眠不一样呀！

百病生于气，止于音。所以，在经络催眠中，催眠师的声音（音波）是很重要的。同样重要的是指导语。比如，让大脑平静的时候，在指导语中“一丝白云都不能有”，有白云时会让来访者容易分神。但是在个体焦虑时，一定要有白云和清风，清风吹走白云，可以带走焦虑。

可以自我催眠吗？大家可以采用自我催眠的方式进行训练。自我催眠无须他人帮助、无须特殊的条件和环境，随时可以施行，能对养心安神、调节情绪、增强记忆、消除疲劳等自我身心健康维护发挥积极作用。

自我催眠的内容包括：

1. 我专注于全身轻松，不去思考任何不愉快的刺激；

2. 我能正确处理所遇到的应激因素；

3. 我能继续愉快地生活、工作、学习，参加任何社会活动；

4. 所面临的烦恼已消失，愉快的心境将继续保持；

5. 催眠醒来后，能够应对不良的刺激。

自我催眠的次数和时间可以根据个体需要而定，每天一次即可，当情绪改善后可隔日一次。

经络催眠需要注意哪些事项？

1. 实施催眠的环境和时间设置

环境设置：最好选择安静、舒适、温馨的环境，有利于放松心情的环境，使人能自然而然地感到轻松、舒适和安全。

时间设置：一般一次催眠 50 分钟左右，根据催眠中要解决的不同问题视具体情况调整。作为调理性的催眠最起码需要 5 次治疗，第一次为适应性调理，第二次才真正开始调理。一般每 10 次为 1 个疗程。当然，由于个体差异，有人并不一定需要做完整个疗程就可全面恢复。

2. 接受催眠调整期间的生活习惯

每次治疗前要排空大小便，不要吃得太多太饱；消除杂念，以平和的心态对待治疗；绝对禁止饮酒（饮酒后会出现头昏、头痛、烦躁等反应），尽量不服用人参、激素等；尽量保持有规律的生活作息。

经络催眠的具体操作示例

下面是我为一个由于担心自己会感染新冠肺炎而出现惊恐发作的患者进行穴位催眠的操作过程。为了保护患者隐私，现使用化名。

来访者基本病情介绍：硕硕，27 岁，IT 男，12 月曾有咳嗽发热症状，治疗后已痊愈。响应国家号召，疫情暴发后自行在京隔离 1 月余，没有回家与父母团聚。自称性格开朗、善良、爱国，一直关注疫情进展，随时刷屏各种正面新闻和负面小道消息，常“翻墙”到国外网站浏览。10 天前突然在睡前出现 1 次胸闷、心慌、呼吸困难，并伴有濒死感。当时以为自己得了心梗，拨打 120 送往医院急救，谎称自己嗓子疼，主动要求 CT 检查，报告结果未见异常。强烈要求呼吸科做核酸检测，但是因不符合检查指征，所以未能如愿。担心自己是新冠肺炎漏诊患者，今日再次前往呼吸科，同事将该患者转诊至我科。

硕硕：“医生，您好！我这两天难受、睡得不好。医生说我没病，是自己吓自己，还让我来您这里，说您能治好我，呼吸科让我挂心理科的号。这样我才过来的。”

咨询师：“你好，你说是呼吸科建议你来的，那你现在能对我说说怎么看待来心理科就诊这件事吗？”

硕硕：“医生您好，虽然我知道有可能我是有点过度担心了。但是我的担心也不是没有道理啊，我毕竟还是有很多的症状，这现在能算排查完了吗？”

咨询师：“行，那你说说具体情况吧，通常呼吸科转诊过来的患者都是他们初步判断没有呼吸系统疾病的。”

硕硕：“医生，那我跟您说说。我 12 月曾经出现过发热咳嗽的情况，那时候一直咳嗽，还曾经发烧到了 38.5° 。虽然说后来好了，可 10 天前我为什么会那么难受呢？ 我当时太害怕了，觉得自己快要死了，胸闷、喘不上气，呼吸困难，快被憋死了！我以为自己是心梗了，赶紧打电话给120，到了医院做了很多检查，并且我撒谎说自己嗓子疼，在我的要求下做了CT，虽然心电图、血还有肺CT的结果都没事，但是后来想想我很有可能是一个突然急性加重的患者啊！有可能我是被漏诊了。我踏实不下来，我要求他们给我做核酸检测，可是他们都说我不用做，我怎么要求都不同意。但我就是觉得我是新冠肺炎，是他们水平不行查不出来，我特别担心。现在最新的研究表明11月底就人传人了，也有可能我曾经感染过，一直携带病毒没被发现啊。前几天不是还有官方报道说，成都有个患者治愈后出院回家隔离到了第10天去复查，结果核酸结果又变成了阳性。这病毒太诡异和狡猾了，难怪专家都管它叫流氓病毒呢。"

咨询师："嗅，明白了，我问你啊硕硕，你知道有个病叫惊恐发作吗？就是焦虑症的一种，它的临床表现和你那晚的表现几乎一模一样。"

硕硕："真的吗？"（开始思考）

咨询师："我再问你，如果检查后核酸结果是阴性你肯定会相信结果，不再担心了，是吗？"

硕硕继续思考，然后说："您这么一解释和一问吧，我想了想估计就是查完核酸，我可能还是会担心结果有问题，觉得查错了。难道我是真的焦虑了？可我这几天都睡得特别不好，您有什么好办法吗？"

咨询师："现在我想到一个比较适合你的心理治疗方法，可以帮助你改善失眠问题，用时在1个小时左右。不过要下午两点半才能安排。你有兴趣吗？"

硕硕："太感谢您了，谢谢您医生，我下午准时来找您！"

咨询师："好的，你中午不要吃得太饱，来前去好洗手间。"

经络催眠操作流程：

咨询师："好，那您在那边的治疗椅上躺好，选择一个您最舒服的姿势，轻轻地闭上眼睛。"

解读：在来访者具有治疗意愿的基础上，让来访者选择一个最能令他放松的姿势，因为在接下来的1个小时内，来访者需要保持这个姿势，如果姿势不舒适，容易导致治疗中断或者影响治疗效果。

咨询师："接下来，我要教您一种新的呼吸方式。我们每次呼吸都要慢且深，吸气的时候，我们慢慢地、用力地吸气，感觉我们的肺像气球一样被慢慢地撑大了，变得好大好大，大到我们的肚子都被顶起来了；呼气的时候，我们也慢慢地、用力地呼气，感觉气球一点一点地瘪了下来，呼气的过程很慢，很平缓，对，就是这样，你做得很好，呼到把最后一口气也呼出来，然后再重复一遍……"

解读：在让来访者找到一个舒适姿势后，训练他进行腹式呼吸，通过腹式呼吸进一步放松，为接下来的暗示和催眠治疗打下基础。

咨询师："最近，你因为疫情的关系，感受到了很大的压力，这影响了你的情绪和睡眠，这是非常正常的，因为情绪和身体之间有着密不可分的关系，大多数身体上的问题，都和负面的情绪有关。接下来，我将会让你进入一种让你非常放松、舒适的状态，同时我会刺激你的穴位，疏通经络，利用双管齐下的方式处理你的负面情绪，从而调整和提高你的睡眠质量。"

解读：在正式治疗开始之前，向来访者大概介绍一下治疗流程，可以提高他在接下来治疗中的配合程度。

咨询师："好，现在想象你在一个温暖舒适的午后，来到一片绿油油的草地，你轻松地走在草地上，周围很安静，阳光暖暖地照在你身上，你感觉舒适、愉快。这股暖流弥漫性地向身体的每个部位扩散（此时拿点穴棒点按来访者缓解失眠和情绪的穴位：百会、四神聪穴、率谷、头维、颊车、耳门穴、印堂等头部穴位等），你仿佛可以感觉到含有丰富营养成分的血液在血管里流动，全身经脉畅通无阻，你愿意体验这种感觉带来的舒适，整个人进入一种更深更沉的催眠状态。你的内心宁静，只想静静地、静静地躺在那里……睡得越来越沉、越来越沉。这时的你，只能听到我的声音，其他的一切烦恼和干扰都消失了、消失了。你舒服地躺着，整个身体与大地融为一体，像儿时躺在母亲的怀中，安静、舒适、温暖而自在……你就这样婴儿般地睡着了、睡着了……”。

“好，你可以继续体验经络催眠放松给你带来的轻松、愉快的感觉。催眠放松训练可以帮你增强抵御烦恼和调节情绪的能力，这能有效地处理和调整那些引起不愉快的情绪。你现在已经不再因为担心失眠而影响身体健康了。只要你坚持进行放松训练，慢慢地失眠就会减少甚至消失，你可以拥有一个高质量的睡眠，每天醒来后就能神清气爽地开始工作和生活。可能在以后的放松过程中，你可以听到其他的声音，但这没关系，那些声音不会影响你的放松状态。经过这次经络催眠的放松，你的身心得到了很好的滋养，全身的经络也畅通了，睡眠功能就可以得到恢复。”

“你看，你的失眠的情况已经得到很好的缓解。现在你会感到轻松、舒适和愉快。以后自己也可以做这些放松练习，你的睡眠会越来越好，不会因为失眠而影响身体健康了。”

“好，你已经在催眠状态中休息了很长一段时间了，精力和体力得到了很好恢复，你感觉到全身轻松、精神愉快、精力充沛。现在，我将把你唤醒，当我从 3 数到 1 时，你就会醒来，醒来之后你会感到心情愉悦、神清气爽，对生活充满了信心。好，现在我开始数了，3——，2——，1——。醒来！”

解读：“温暖舒适的午后”“阳光”可以给来访者提供额外的心理能量，“绿油油的草地”代表了一种舒适、安全的环境，再辅以经络刺激，可以快速地调整患者的精神状态。

结束前硕硕反馈：“嗯，谢谢医生，我好像刚才睡着了，好久没有睡得这么舒服了，真神！”

结 语

通常，患者会因潜在的焦虑或者抑郁而首先表现出失眠的症状，由于恶性循环，一旦失眠，又会加重患者的焦虑或者其他不良情绪，所以调整个体的睡眠显得尤为重要。西医建议服药自有它的道理，西方各个流派的心理治疗方法效果也很好。但是，中医是我们的特色，我们不能丢，利用所学知识将中西医结合起来造福大众才是最重要的。在此，衷心希望朋友们收下这个经络催眠良方，缓解压力，管理好情绪，维护好身心健康。

（郭静利　杨业兵）

第十一章 “画”说灾难

——绘画心理分析技术

2020年初，新型冠状病毒肺炎疫情暴发，由于防控需要，我们被隔离家中，使得很多人的情绪和行为都出现了明显的异常，紧张、敏感、烦躁、暴食等等。临床一线的医务人员、精神心理人员都被迅速调动起来，开展临床救治及心理支持和干预工作。经过全国上下团结一心的全力奋战和不懈努力，疫情一线救治有效，在保持良好防护的前提下，全国各地很多行业，逐渐开始复工，我们在提高警惕的状态下，生活可以逐步恢复正常。

昨日忽然接到一个朋友的电话，他急匆匆地说“杨主任，有个孩子需要帮助。请您这几天一定抽空见见她好吗？”之后，他大概介绍了一下情况。24岁的珍珍是个内向的姑娘，护理专业，在武汉一家医院实习，春节放假于1月18日回到老家过年。回家后的第三天，珍珍出现咳嗽、发热等症状，之后她得知隔壁室友被确诊为新型冠状病毒肺炎，而她作为密切接触者也需要隔离。可那时她已经回家5天了。虽然她一直戴着口罩，但她毕竟曾和确诊患者近距离接触过，再加上她又出现了症状，所以，在边排查边隔离期间，她的内心充满了恐惧、焦虑，担心会将疾病传染给家人。现在的情况是，已经排除她患有新型冠状病毒肺炎，而且感冒已经痊愈，但是她最近依然情绪波动大，心情低落、易哭泣、不说话、焦虑、自责和不安。

了解到这些情况，我二话没说答应下来，要跟这个孩子见一面。医者父母心，别说她已经排查了，即便是个疑似患者我也依然会对她进行干预，做好防护就是了。但还是要想哪种技术适合内向的、情绪有些低落，动力也不足的她。是的，我脑海里闪现的第一个念头就是“绘画治疗”。

绘画治疗的优势在于，可以让语言表达能力弱的来访者/患者，尤其是儿童，通过绘画的形式，以投射的方式将自己的想法清楚地表达出来。相对于其他危机干预的方法来说，绘画心理技术在评估和处理个体创伤体验上有其独特的优势。它能够运用非语言的象征方式帮助危机中的个体表达出潜意识中的内容，使得平时隐藏起来的恐慌、悲伤、愤怒等毁灭性的情感能量在一个安全的、不受威胁的环境中能够得以恰当释放，平安度过心理危机。“绘画的过程同时也就是治疗的过程。治疗者期望通过绘画这种艺术创作，可以将那些破坏性的力量得以升华，进而转为建设性的力量来帮助画者。”多项研究都证明了绘画疗法对于情感冲突、创伤和丧失均有很好的疗效，这项技术还可以促进来访者的自我完善，并可帮助他们提高社会功能。绘画心理技术在危机干预中应用的方式灵活多样，既适用于个体心理危机干预，也适合团体心理危机干预。

 “画”说灾难——非语言式减压团体方案

台湾的赖念华教授以Paul Joseph Dowling(1997)发展出的“艺术治疗方案”(art therapy project)为方案基础，依照东方人的特质、本土文化逐一修改成现有之“画说灾难——非语言式减压团体方案”。本方案运用在团体减压中，以帮助成员在危机事件后，得以抒发与表达其内在的情绪与感受，其一般的操作流程如下：

（一）目的

透过“绘画也是一种叙说”的原理，来协助愿意以艺术方式来表达，或是无法用语言表达或不愿意表达故事的当事人，他们可以透过绘画模式来叙说危机产生后的内在状态。绘画的目的并不是对来访者做艺术治疗，而是帮助成员缓解事件对他的冲击，而团队带领者可以应用重新整合技巧，来帮助他们转化强大的压力，实现心理重建。

（二）结构

1. 进行时机：危机事件发生后的 1~7 天内，72 小时内尤佳。

2. 进行方式：有标准程序，结构性的小团体。

3. 进行场地：以不受干扰、有桌椅、并备有黑板的会议室为宜。

4. 时间：1.5~3 小时。

5. 人数：每个团体人数 8~12 人为佳，需要助手协助做评估工作。

6. 艺术媒材：蜡笔或是马克笔（至少要有 6 个颜色），每人有六张 A4 大的白纸。

（三）步骤

“介绍”阶段：

（1）发放艺术媒材：每人一份色彩色笔（蜡笔）、6 张 A4 白纸。

（2）由主持人介绍自己及助手。

（3）说明减压团体的目的（帮助成员缓解压力，不是调查）及过程。

（4）建立基本规则，如人人平等、互相保密、成员请勿记笔记等。

（5）初始评估：请每一个成员，选一个颜色代表此事件，将此颜色置放在画纸的一个位置，由此了解此事件对参与者的影响程度或关系程度，最后，成员介绍自己姓名。

接下来，开始进行六张作品的涂鸦与分享。

1. 非惯用手涂鸦

（1）邀请成员拿出第 1 张白纸。

（2）用非惯用手在白纸上涂鸦：用刚才所选的颜色在纸上乱涂。

（3）用非惯用手涂鸦可以减轻成员对创作好坏的焦虑。然而，涂鸦是最简单的方式，它不关乎任何绘画的技巧，同时可以突破好坏美丑的概念，涂鸦会唤起人们早期涂鸦的经验与记忆，这是鼓励成员直接去"做""画"，来代替去"想"的暖身活动，帮助成员将自己最原始、抽象的图样呈现出来。

2. 惯用手涂鸦

（1）邀请成员拿出第 2 张白纸。

（2）再选另一个颜色。

（3）用惯用手在白纸上涂鸦。

（4）视觉分享：邀请成员同时呈现第 1 及第 2 张图画的面貌与形式，只做作品的"视觉分享"，可以观察自己左右手的涂鸦形式，以及自己与他人的相似、相异。

评估：观察成员在这两张作品的创作方式及时间，以及是否有成员在这一阶段需耗费许多的时间浓密涂鸦，甚至想平涂，或无法停止的状态；主持人可由此评估成员心理反应状态。

3. 线条

（1）邀请成员拿出第 3 张白纸。

（2）主持人先以行动的方式来示范"何谓线条？"

接下来引导的原则，以"中性情绪"为开始，以"正向、有能量的情绪"来结束。下列线条引导情绪供参考。

（3）请找出一个颜色来代表并画出"早上不想起床，赖床的线"。

（4）选一个颜色来代表并画出"生气的线"（愤怒、可恶、不公平）。

（5）选一个颜色来代表并画出"倒霉的线"（伤心、痛苦、悲伤）。

（6）选一个颜色来代表并画出"平静的线"。

（7）视觉分享：主持人依序请成员指出自己画出的每一条线，邀请成员观察自己与他人对于相同情绪使用的线条、色彩的表达方式有何相同或相异。

绘画中，“线条”是有开始和结束的涂鸦，线条是有意图性、方向性，同时也会有终点的，比涂鸦需要更多的控制力。

4. 图形

（1）邀请成员拿出第 4 张白纸。

（2）主持人先以行动的方式来示范“何谓图形？”

图形是从一条线发展到一个图形，是将线的开端与结尾相连就会成为图形。下列图形引导语供参考。

（3）选一个颜色，画“××（危机事件）的图形”。

（4）选一个颜色，画“在××（危机事件）中，觉得有一些令你感到安心、舒服的图形”。

（5）选一个颜色，画“在××（危机事件）中，最糟糕状态的图形”。

（6）选一个颜色，画“如果我早知道会面对××（危机事件）的图形，会是如何？”

（7）如果成员对这个危机事件很抽离，则可邀请成员把每个图形着色起来。着色可以建构一个对此事件的想象或是故事，但切记，当有成员情绪过于强烈时，切勿邀请成员将图形着色。

“图形”是从一条线发展出来的，比线条更有控制性，因为将线的开端与结尾相连时就会成为图形；图形可以让成员开始呈现想法，并可以将图形意义化。本阶段“最糟糕状态”的图形，会引发具有影响、震撼情绪的图形；如果反应过于强烈，则勿着色，以免过度引发成员情绪。

5. 危机事件图像

（1）邀请成员拿出第 5 张白纸。

（2）主持人：“想到××（危机事件）时，如果你可以用色彩、线条、图形来呈现，它可以是具象的图画，也可以是抽象的图画，只要你自己知道你所呈现的是什么即可，请将你感受到的所有都用图像的方式来呈现在第 5 张白纸上，我们有 12 分钟时间创作，在这个过程中请勿与人交谈。”成员正式进入画危机事件图像，12 分钟创作，可唤起危机当下的经验和感受。

（3）创作完，做视觉化的冥想。主持人可说：“让自己在心里面先想象、环顾刚刚画的作品的每一个部分，它让你想起了什么？图上的象征性意义是什么？”

（4）小组分享：以“看图说话”方式来做分享与讨论，如果有些成员难以表达画中特殊部分，可以用下列问句做引导：

①这里发生了什么？

②那是什么？

③那是谁？

④怎么会在那儿呢？

⑤你在图画中的哪个地方？

注意：提问不用“为什么”（why），而是以“什么”（what）、“谁”（who）、“如何”（how）、“哪里”（where）、“何时”（when）来提问。

（5）主持人在成员分享时，要将成员在危机事件中的状态给予“正常化”，同时将危机事件赋予新的意义（reframing），帮助成员转化当下的情绪，发现意义。平常是以讨论方式进行危机事件的述说与减压，但此方案强调先不说，而是将它“画”在图画纸上。这部分也是整个绘图减压的重点。因此，主持人若在此处给予转化的回应，能加倍提升绘图的意义与效果。但也需再次提醒主持人，此方案所做的是危机减压，属于“心理教育模式”而非心理咨询，因此，主持人在带领过程中仅做共情后的意义转化，而不做深层探问的工作。

6. 心理重建

最后作品是预备出航，准备重新出发。

（1）请成员拿出第 6 张白纸。

（2）主持人邀请成员冥想：“如果现在有智慧老人现身（可以改为该年纪适用的代称，如仙女棒、小叮当等），如果我可以拥有更多能力、智慧，通过这次的经验也可以有更多的准备，万一下次我们又遇到相似的 ××（危机事件）发生时，我会如何来面对与因应，请你用色彩、线条、图形来呈现，它可以是具象的图画，也可以是抽象的图画，只要你自己知道你所呈现的是什么即可。有 8 分钟的时间可以创作，请你创作时不要跟人交谈。”

（3）成员创作当“自己有更多知识、智能时，面对此危机事件”的图像。

（4）团体分享与讨论，可依照下列原则：

①将第 5、第 6 两张作品放置左右，请成员在两张图画中找出不同的部分。

②进一步邀请成员分享自己在这次危机事件已经学到的一些正向的经验及自我欣赏的部分。

③当成员无法自行找到，主持人应通过成员作品及分享内容，将其对危机事件重新整合做意义的转化。

7. 后续说明

（1）主持人再次提醒危机事件发生后会出现的生理、情绪、想法、行为反应，并将之“正常化”。

（2）若发现自己一直处在上述状态，且持续三个星期到一个月时，告诉自己寻求进一步的帮助，主持人在此告知相关求助机构及电话。

（3）成员的作品：依照成员的期待处理，可以问成员期待处理之方式。例如：①作品张贴起来，可以强化自我经验；②作品带回家（班上）与家人（同学）分享；③将作品留下请主持人处理；④自行将作品处理掉（撕掉、丢掉）。

总之，尊重成员的选择，就是最好的选择，因为所有的选择对成员都具有象征性的意义。

8. 后续筛选

后续主持人可做筛选需要进一步帮助的成员，例如：（1）拒绝参加活动，无法创作者；（2）过程中有高度的焦虑者；（3）创作、分享时，情绪无法停止者；（4）具有特殊反应者。可以将这些成员做进一步了解并协助转介专业机构，做进一步个别危机处置之安排。

 “四格图蝴蝶拍”个体绘画心理干预技术

蝴蝶拍，也称为蝴蝶拥抱，这种技术可以让来访者感受到来自母亲般的温暖和支持。“蝴蝶拍”是 1998 年由墨西哥心理学家在墨西哥飓风中对幸存者进行心理干预的过程中逐步探索与发展起来的。该方法还曾用于巴勒斯坦难民营的儿童，结果表明，这种简单易行的技术可以提高那些在持续战乱中遭受创伤的孩子们的适应能力。在临床工作中，我们将这种方法融入绘画分析技术中，所以，“四格图蝴蝶拍”是将蝴蝶拍和绘画结合起来从而处理创伤的一种技术。在运用过程中，带领者只是引导人，真正起作用的是来访者自己。

“四格图蝴蝶拍”操作流程：

第一步：提前准备好一些 A4 纸，先取出一张和来访者一起叠成四格。

第二步：请来访者在左上格画出自己的资源，资源一定要画得充足一些。我们期待丰富的资源能够让来访者感受到自己的内在力量和来自外部的支持，从而可以克服来访者要解决的问题。

第三步：请来访者在右上格画出本次治疗需要解决的问题或面对的创伤。然后让来访者对自己要处理的刺激进行主观评定，评分采取 0~10 分制。假如这件事情对他没有任何干扰可评 0 分，最严重的干扰可评为 10 分。请来访者将自评后的分数记录在本格中。

第四步：请来访者注视着创伤图和资源图，目光在两图之间来回切换，同时两臂交叉进行快速蝴蝶拍，直到图像发生了变化再停止。然后请他将变化后的画面继续画出，画在左下格内。继续再拍，等到再出现变化后就画到右下格子里。一张纸不够再加新的纸，一般两张纸就够。

第五步：当我们观察到来访者呈现的图画表现出一致的正性画面时，可请来访者对此图进行主观评分，如果困扰程度是 0 分就可以结束。当然，如果来访者做出的评分不是 0 分，此时要求他在继续进行蝴蝶拍的同时来回切换目光，交替注视着资源图、创伤图片和改变图。一直持续进行上述任务，

直到评分为0分时停止。也可以根据实际情况拍到画者觉得可以停止的时候就结束工作。

第六步：如果还剩下1~2分，长时间达不到0分，可以问一下来访者是否有其他的原因，比如亲人离世。即便降不到0分也没关系，主观评分本来就受很多因素干扰，有人从不认为事物可以达到0分或10分。

“四格图蝴蝶拍”格式：

来访者内在资源、外部资源	需要处理的问题、创伤
第一幅变化图	第二幅变化图

采用“四格图蝴蝶拍”绘画心理技术对珍珍进行帮助的具体流程如下：

治疗师：“珍珍啊，我知道你前几天非常不容易。在这整个过程中肯定觉得自己非常委屈。如果你愿意，可以和我说说，我会尽我所能帮助你的。我能问问你，是家人建议你来的，还是你自己想来的呢？”

珍珍：“主任，是我自己想找心理医生的，我知道我得改变。主任，我能想说什么就说什么吗？”

治疗师：“好，非常好。当然可以。”

珍珍：“嗯……（沉默了一会儿）主任，我当时特别害怕，我以为自己要死了。看着隔壁床的阿姨一开始还挺好的，还跟我聊天，挺乐观的，还劝我要坚强，可是突然过了一个晚上她就被确诊了。后来听说没过几天她就不行了，医生护士拼了命的抢救她，最后人还是走了。之后我就崩溃了，既担心自己会出不去医院，也担心家里的爷爷奶奶，他们跟我同吃同住，我要是把他们传染了那该怎么办！”（带着哭腔讲述，然后泪流满面）

治疗师：“珍珍，孩子，我理解你的心情。你看，你已经出院了，咱们那么难的时候都挺过来了。爷爷奶奶现在也都好好的呢，你是个孝顺的好孩子。我知道，现在这种状态也不是你愿意的，可你就是控制不住，对吧？”

珍珍：“是的，主任，您说得真对，他们总说让我不要想，可是我并不想想啊！那么可怕的感觉谁愿意想呢！说实话，我也不愿意和他们说话，

我就想自己待着，跟他们说两句也是为了让他们放心。”（说着又哭了起来）

治疗师：“珍珍，你是个善良的好孩子。放心，我会陪着你熬过去的。现在我们做一个小活动。珍珍，你喜欢画画吗？”

（珍珍点头）

解读：治疗师尊重来访者的意愿，如果珍珍愿意宣泄，那就让她描述下整个事件的前因后果，使珍珍的内在情绪有足够的表达。这个前期的沟通交流过程是我们和来访者之间建立关系的最佳时机，让来访者接纳医生，并增加信任感，这些细节工作有助于进一步治疗。

治疗师：“请在左上角的方格内画出自己的资源画面，也就是自己的一些正性资源，越多越好。你好好想想自己或身边有什么优势或者信念等等能够帮你克服那些痛苦的担心或者害怕。慢慢想，慢慢画，不着急。”

珍珍的蝴蝶拍四格图

解读：如上图所示，我们看到的左上角就是来访者的资源。珍珍通过绘画表达出她的内在力量。从图上我们可以分析出这是温暖有爱的一家三口，其乐融融，父母是孩子坚强的后盾，右侧的森林应该是她自己学习和生活的

集体。天上的小鸟和阳光代表自己对待生活所持有的开朗和积极的态度。那两个小标识告诉我们出现身体疾病时她可以给“120” 打电话求救，也可以给“保险公司”打电话理赔。

治疗师：“珍珍，你刚才画得非常好，现在我们要继续在右上角画一幅画，这个叫创伤画面。也就是你要画出这次得病后让你最不舒服的地方。画好后再给这幅图打个分数，分数在0~10之间，对你毫无困扰打0分，对你极度困扰打10分。”

解读：从图上我们可以看到，来访者在右上角画出了自己的恐慌，新型冠状病毒像乌云一样袭来。珍珍对创伤画的评估分数为9分，说明这次创伤事件对她的影响还是非常大的。

治疗师：“珍珍，你现在看着你已经画好的两幅图，目光在两幅图之间来回交换，然后同时双手交叉拍对侧的肩膀，对，就是这样，就像蝴蝶拍翅膀一样。”（给来访者做个示范）

解读：按照蝴蝶拍的节奏，珍珍一边双手交叉拍自己，一边眼睛在右上角和左上角的画面来回切换。珍珍在双手拍自己的过程中感受到了温暖和支持，好似小时候母亲拍着自己一样，感受到了安全、被接纳，感到创伤事件在资源面前慢慢变小。

治疗师：“珍珍，如果你在做蝴蝶拍的过程中发现眼前画面有改变的话，那时就可以停下来。将新画面画出来，并继续做一个评分。”

过了一会儿，珍珍将改变的画面画在了左下角方格中。

解读：从图上我们可以看出，病房中的她在积极配合治疗、加强营养、适当锻炼，争取早日康复。并且她逐步走出了新冠肺炎带来的阴影，情绪困扰降到了5分。

治疗师：“非常好，珍珍，我们还继续进行这个活动。现在你一边像蝴蝶一样拍肩膀，一边交替切换注视着这三个画面，来，我们继续吧。仍然是那样，如果发现画面有改变，就停下来将出现的新画面画出来，并做个评分。”

解读：按照蝴蝶拍的操作指示，珍珍继续进行蝴蝶拍，眼睛在左上角、

右上角、左下角三个画面上来回切换，她感受到了安慰和支持，脑海中出现了疫情结束后春暖花开、一家人团聚的温馨画面。随后她将评分记录在了右下角的格子里，此时困扰程度分为2分。

治疗师：“珍珍，非常好，现在我们继续做蝴蝶拍，当我们出现可以评分为0的画面时再结束好吗？”

珍珍：“主任，我觉得什么时候我都不会打0分的呵呵，因为事情都不是那么绝对全或无的呀！”

治疗师：“那好吧，那你今天还想继续吗？”

珍珍：“主任，跟您做完治疗就是不一样，我的心情好像一下就好了很多，我此刻已经有了足够的信心可以走出自己的心理阴影，我相信，我一定会慢慢好起来的！”

治疗师：“你真棒！我相信你一定没问题的！”

三 绘画技术在心理危机干预中的应用心得

今年的疫情需要防止聚集增加感染，因此没有机会进行团体的绘画干预，但是在汶川地震中，我们曾经用团体技术对一百多名受灾学生的心理状况和创伤体验进行了解、分析和治疗。那是在2008年，地震发生3周后，笔者参与心理救援工作，在绘画干预中，首先确定了绘画主题，要求绘画作品中尽量要包含有房、树、人、天空、山、河、石头、桥这八大要素，其余可以任意添加。其中房、树、人是投射测验中常用的三要素，其他五个元素是根据与受灾师生交流时了解到的情况而设定的特殊要素。受助的师生集体完成绘画作品后，普遍反映通过绘画他们由于灾难带来的负性情绪得到了充分的释放；我们同时发现，通过对画作的分析，能够及时发现一些可能需要进一步干预的个体，这样就可以跟当地相关部门提出意见，对这部分人进行一个持续的关注，有必要的时候还需要个别的心理干预。这些经验充分说明绘画团体危机干预是有效的，但同时也有些遗憾。在完成救援任务回到北京后，虽然通过回访我们得到了一些反馈信息，知道我们做的工作很有意义而且超过了我们的预期，但是，由于时间紧，任务重，而且那时干预人群的状态也不适合进行大量量化指标进行评测，因此很难用更为科学的方法检验干预效果，希望在今后的工作中能够加以完善。

本文以“珍珍”的案例，详细地介绍了在危机情景中如何用绘画技术进行个体干预。其实，在临床上我们还有许多主题绘画方式进行治疗，比如树、房树人、自画像、雨中人等，相信各位读者都或多或少有所了解，在不同的情景中需要根据对来访者 / 患者的评估结果选择适宜的主题。希望本文能够给各位读者在生活或者临床工作中带来一些帮助。

（杨蕾　杨业兵）

第十二章

危机干预中的常青藤

——紧急事件应激晤谈干预技术

积极的社会支持是我们顺利度过心理危机、获得心理平衡的关键。紧急事件应激晤谈技术将为我们提供重要的沟通和获取社会支持的平台。

2020年的新冠肺炎疫情波及范围广、持续时间长、不确定性和危害性较大，使一线医务人员、患者及其家属、一般民众都承受了巨大的心理压力。及时的心理压力调适和心理干预，对于恢复和保持良好的心理状态具有重要价值。紧急事件应激晤谈（Critical Incident Stress Debriefing，CISD）是自20世纪80年代起就广泛应用于各类灾难心理救援的一种心理干预技术，该方法因可操作性强而得到高度重视。

CISD 操作技术

 CISD 的概念

CISD 源于第一次世界大战时，指挥官在主要战役之后会听取下属的汇报，目的是通过分享战斗中发生的事件来鼓舞士兵的士气。此种团体汇报的方法在第二次世界大战时也被美国兵团应用，直至今日，以色列军队仍在应用。Mitchell 于 20 世纪 80 年代发展了目前广为应用的心理晤谈技术，使 CISD 不仅适用于消防队员、警察、急诊医疗工作人员等一线救援人员，也适用于其他处于危机事件（或创伤事件）中遭受各种心理创伤的人员。CISD 意在通过减弱应激的急性症状来减轻创伤事件造成的不良事件后果，从而减少出现继发精神症状的风险。

目前，CISD 技术已成为重大危机事件应激管理（Critical Incident Stress Management，CISM）预案的重要内容之一，广泛应用于军队、医院、学校等多种情境，是危机事件发生后心理干预的标准化实践。

 CISD 组织者的基本要求

对于组织实施 CISD 的人员，不仅需要具备一定水平的专业素养，而且应具有丰富的生活经验。

1. 组织者人员构成

组织者一般包括一名主持人和两名助手，其中一名助手必须具备心理危机干预专业技能。

2. 组织者的专业要求

（1）对被干预群体的文化、传统以及生活模式具备相当程度的了解。

（2）主要为心理危机干预者、心理治疗师、精神科医师或受过系统培训的心理专业人员等。

（3）应当具有丰富的生活经验，并在危机面前能够表现得成熟、乐观、坚韧和坚强。

（4）心理干预实施人员应具有镇定的心态，能为受害者恢复心理平衡创造一个理性的、稳定的氛围。

（5）能够在危机面前，敢于面对挑战，在危机干预工作中充分发挥创造性和灵活性，而不拘泥于各种条条框框和自己过去的经验。

（6）心理干预实施人员应当精力充沛，要真诚、热情地帮助受害者，并坚持有始有终，以保证旺盛的精力和完好的状态。

3. CISD 时间要求

CISD 的实施宜早不宜迟，通常是处理越快效果越好。但如果应用过早，成员可能还处于因事件冲击导致的麻木阶段，或者尚处在压抑自身感受的时期，应用 CISD 也难以发挥作用。

一般在危机事件发生后的 24~72 小时是危机转化的关键时期，但也有研究认为，在事件发生的 2~10 天内进行也可以；在重大灾难中，通常在一周后实施。最新研究甚至认为，在两年以内运用 CISD 进行干预也具有较为明显的效果。

一次完整的 CISD 的最佳持续时间为 1.5~3 个小时，也有研究认为 2~3 个小时较为恰当。如果对两组成员进行 CISD，两组间最好间隔 30 分钟以上，以便 CISD 的主持者（领导者）进行心理自我调整和准备。

三 CISD 的适用范围和入组标准

1. CISD 的适用范围

CISD 最初用于三级或三级以上受害者，如急救人员（警察、消防战士或者护理人员等）及二级受害者家属等。但目前有观点认为，对一级受害者直接暴露于创伤的人同样有帮助。

2. CISD 成员入组标准

（1）同质性要高。团体成员尽可能具有共同的经历，具有类似的创伤事件和创伤体验。

（2）团体的大小要以确保每位成员都有机会充分表达为基本原则。

（3）成员的构成要以确保每位成员都能自由表达感受为基本出发点。

（4）要尽可能避免因上级或管理人员参加使其他成员因恐慌而加重焦虑，限制开放表达。

（5）对于认知功能障碍、自知力严重下降、急性悲伤、既往严重抑郁的精神障碍或创伤经历，或对参加 CISD 以消极方式看待的人员要谨慎入组。

四 CISD 的组织形式

根据干预具体情况，CISD 具体的组织形式在不断变化，并呈现出多样化的特点，如适用人群、团体规模、使用时机、时间长度等方面。一般 CISD 以团体形式实施。

CISD 的团体规模：应用于小的、同质性的团体，一般为 12 人左右，但 7~9 人的效果最为理想。

实施者多由 2~4 人组成，经典 CISD 是由 1 位心理学或精神病学专家和 2 位助手组成。

五 CISD 的主要内容和实施步骤

CISD 一般分为 6 个阶段，每个阶段完成之后才能进入下一步。

1. 导入期

目的：相互认识、建立良好咨询关系的时期，是让创伤者了解和信任干预者，减少 CISD 过程中的阻抗并取得合作的时期，同时，这一时期也要告知创伤者 CISD 的目标和规则。

主要内容：

①自我介绍：姓名、职业、单位等，以及对助手的介绍。

②描述对事件的了解（这需要主持者在晤谈之前进行了解）。

③解释干预的目的：如告知 CISD 团队成员，CISD 的目的是减少急性

应激障碍（Acute Stress Disorder，ASD）和创伤后应激障碍（Post Traumatic Stress Disorder，PTSD）的发生，营造一个安全和谐的氛围，以便使受创者得到互相分享和帮助。有些人可能觉得不需要接受晤谈，觉得自己能应付，这时需要告知他们，相互交流有助于更好地应付危机，至少可能对别人有所帮助。有资料显示，经过这种晤谈可以明显缩短创伤者的康复时间，更快地恢复正常生活、学习和工作，促进身体和心理康复。

④强调保密原则，不记录，不录音，要求参加者结束以后也不要传播和讨论。

⑤讲解晤谈规则：对参加人数、晤谈时间、晤谈六个阶段进行简单讲解。告知团队成员在自己不愿表达或感到表达很困难时，可以保持沉默，可以用点头、摇头的方式表示答案，但需要积极引导和鼓励团队成员表达。告知团队成员间人人平等，不要评判别人等等。

⑥解答创伤者的一些基本问题。如果有人离开，鼓励其回到组内。

⑦强调晤谈不是心理治疗，而是一种减少创伤事件所致的正常应激反应的方法。

2. 事实期

目的：要求创伤者回顾事件发生时的真实情况，以便把整个事件呈现出来。

主要内容：

①请团体成员作简短的自我介绍。如“你能用一两句话介绍一下自己吗？”

②让团体成员轮流谈谈当时的所见所闻及创伤者当时自己认为发生了什么，后来又发生了什么等。如“你在事故现场看到了什么？听到了什么？闻到了什么？采取了什么行动？”

③干预者以倾听为主，不必给予很多的回应。告知团队成员每个人都有机会增加事件的细节，使整个事件得以重现。

④再次强调可以沉默。创伤者如果觉得在小组内讲话不舒服，可以保持

沉默。

⑤当一个人谈完时，主持者应即时给予肯定和强化，可以说："谢谢你讲的这些。""谢谢你和我们一起分享这些信息。""我知道谈这些东西让你很难过，但真的谢谢你。"

⑥让下一个人表达时，主持者可以这样说："请问您能不能回忆一下……""能不能麻烦您……"要充分的表达对团队成员的尊重。

⑦经常提醒大家要谈的是事实。每个人谈论时间控制在 2~5 分钟。

3. 感受期

目的：要求创伤者澄清事件发生后出现情绪反应前的认知活动，以及他的感受。

主要内容：

①让每一个团体成员描述当时的想法，以及这个想法所带出的情绪反应。

②主要围绕危机发生时、现在以及曾经的感受，干预者可以询问创伤者事件发生时的感受，现在对事件的感受以及过去生活中是否发生过类似感受。

③讨论个体行为表现。是否觉得自己做得不够？是否认为自己做错了什么？自己对不利的后果要负什么责任？

④要求每位成员都有需要分享和被接受的感觉，重要的原则是不批评他人，所有的人都倾听在每个人身上曾经发生或正在发生的事情。

4. 症状期

目的：要求创伤者描述自己的应激反应的表现，可以从心理、生理、认知和行为等方面来描述。

主要内容：

①轮流讨论他们在危机事件过程中体验了什么不同寻常的事情；现在正体验什么不同寻常的事情；自从紧急事件发生之后他们的生活发生什么改变；讨论其经历导致家庭、工作或生活发生了什么变化；讨论躯体、行为、情绪和认知上的变化等。

②鼓励那些不敢讲的团体成员讲出自己存在的症状。干预者可以举出一

些有关例子，帮助创伤者表达他们存在的问题。

5. 指导期

目的：主要是干预者帮助创伤者如何理解和应对上述出现的问题，必要时可以指导团队成员一些应对方法。

主要内容：

①介绍正常的反应及应激反应模式，强调创伤者以上的症状及感受是对危机事件的正常反应。

②对创伤者讲解如何应对这些问题和哪些问题是正常的反应时，干预者可以教授一些危机反应的基本知识、放松疗法、应对方式等。

③嘱咐创伤者不要饮酒、注意饮食、锻炼、多与他人交往等。

6. 再入期

目的：澄清、回答一些可能被忽略或者不清楚的问题，对整个干预阶段做出总结，关闭创伤事件。

主要内容：

①让创伤者说出刚才谈论的事情、还想谈论什么事情。

②干预者回答他们的问题、解决尚未解决的问题、提供合适的指导。

③最后安抚，制订未来行动计划，做出总结。总结晤谈中涵盖的内容，回答问题。

④通过团体晤谈，评估哪些人需要随访或转介到其他服务结构。

六 CISD 的注意事项

1. CISD 团体主持者（领导者）的特征

CISD 团体通常由 1~2 位主持者带领发生催化作用，同时还需要配备辅助人员。主持者必须具有心理治疗职业资格，了解团体动力并能够胜任团体工作，同时还要熟练掌握短期和长期危机反应的相关知识，并经过 CISD 的专门训练。在团体活动过程中，如果有个别成员退出，应有辅助人员陪伴以确保其安全。

2. CISD 团队成员的特征

团队成员人格因素的影响具体表现在以下方面：

（1）虽然暴露于同样的创伤事件，但不同个体受到的影响存在很大差异。受到创伤的个体不一定适合加入 CISD，不是每一个人都可以从 CISD 团体中受益。

（2）个体自我表露的偏好、对倾听他人自我表露的态度、寻获社会支持的预期以及应对风格等因素，都会影响个体是否适合加入 CISD 团体、是否产生积极的效果。

（3）个体对危机事件的认知态度、反应水平、反应类型等因素都影响应用 CISD 进行心理干预的效果。

（4）对于那些具有高闪回、高回避、高唤醒的个体来说，可能不适宜参加 CISD。有研究发现，具有高闪回、高回避、高唤醒的个体参加 CISD 反而会比对照组出现更多的精神症状。

3. CISD 与心理咨询的区别

CISD 过程是一个适当清洗伤口的过程，而非手术过程。就是说，CISD 技术仅仅是帮助经历危机事件的个体应对已经出现的反应，减少症状出现的可能性，促进复原过程，而不是“挖掘”或“根除”。Dyregrov 也指出，CISD 是治疗性的，但绝非心理治疗。

4. 文化因素对 CISD 的影响

当成员接纳了自己的所有反应后，通过分享与支持，慢慢地开始从经验的再体察中感悟生命和生活，这一转化需要个体敞开心扉、畅所欲言，需要团体尊重个体的意愿和文化。美国与澳大利亚等国使用 CISD 的不同效果表明，个体所持有的文化观以及使用的时机、个体参与课程的主观愿望，都是影响使用效果的显著因素。有些文化里，人们更习惯于从宗教、社会支持等其他途径获得安慰，以缓解痛苦。

5. 重视 CISD 后的长期追踪

已有研究发现，影响创伤者灾后心理反应最为显著的三个因素分别是个体自身的人格因素、灾难本身的类型与程度，以及灾后所处的环境。灾后幸存者只有得到基本的生存、安全保障，进行心理救援才有可能取得较好的救援效果，更容易实现个体心理能量的转化。

总之，需要心理危机干预的专家根据CISD的基本原则，灵活运用于不同的个体与群体，并进行长期追踪研究，才有可能实现个体心理能量的转化，让创伤者学会在危机中成长。

新冠肺炎心理危机干预中的CISD应用

在到达现场后，首先要做好CISD团体干预的各项准备工作，如环境、材料、团队成员的评估和分类，确定团队成员。

 CISD实施前准备工作

1. 评估准备

在实施CISD前，要对危机受害者进行情绪、认知和行为等的评估，并对受害者进行分级。对于情绪和行为严重损伤的受害者或一级受害者需要谨慎选择，防止在CISD中情绪失控或造成二次创伤。此外，对于受害者自杀风险和心理健康状态的评估也是非常有必要的。常用的分类工具包括斯坦福应激反应问卷（Stanford Acute Stress Reaction Questionnaire，SASRQ）、危机干预的三维评估表（Triage Assessment Form，TAF）、事件影响量表修订版（Impact of Event Scale，IES）和创伤后应激障碍症状清单（the Post-Traumatic Stress Disorder Checklist-Civilian Version，PCL-C）、症状自评量表（Symptom Checklist 90，SCL-90）、自杀态度问卷（Suicide Attitude Questionnaire，QSA）等。

2. 材料和场地准备

每名成员准备一张纸和一支笔。实施CISD的场地最好选择不受干扰的安全环境。助手要准备好进行观察、评估和急性干预的材料。

3. 相关技术准备

可在实施前，指导团体成员学会稳定化技术，如呼吸放松训练技术、“着陆”技术、“安全之所”和“心灵花园”等。

 CISD 实践操作流程

1. 导入期

尊敬的各位同仁，我是 ××× 单位的 ××× 医生，这位同志是我们今天晤谈的助手 ×××。首先感谢你们能来参加这次紧急事件应急晤谈(CISD)。CISD 是被广泛认可的危机干预常用方法。危机是指我们感受到面临的事件超出自己应对能力而出现的心理无助与失衡状态。大家经历的新冠肺炎疫情就是危机事件。CISD 整个晤谈过程包括六个阶段，分别是导入期、事实期、感受期、症状期、指导期和再入期。我们举行 CISD 晤谈，目的是为了能给大家提供一个相互沟通，相互了解和支持的平台。并给大家应对危机事件提供一些方法和指导，促进大家尽快康复。本次晤谈共有 × 人参加，晤谈内容将严格保密，不允许记录和录音，晤谈结束以后所有成员都不要传播和讨论。在整个晤谈过程中，所有成员人人平等，相互尊重，没有职位高低之分，不允许评价和攻击他人。在晤谈过程中，您可以在任何时间举手提问您想提问的任何问题。此外，还要特别强调的是，本次晤谈并不是心理咨询和治疗，只是为大家提供一个沟通的平台，让大家能够交流分享这件事情当中的反应和感受。为了使晤谈不受影响，现在请大家将手机关机。

你们中可能有些人不愿来这里晤谈，觉得自己能应付，但研究资料表明，相互交流不仅有助于自己更好地面对危机，还会对别人有所帮助，经过晤谈的人员，通常都能更好地应对危机的影响，明显缩短康复的时间。

开始晤谈之前，我们先来做个小游戏，帮助大家互相了解。“认识新朋友”或“名字接龙”。

认识新朋友：全体成员围坐成圈，由主持者左手开始沿顺时针方向起立，自我介绍说：“各位好，我姓张，叫 ×××。”第二人起立说：“张

×× 您好，我姓杨，叫 ×××。”第三人起立则说：“张 ××、杨 ×× 你们好，我姓刘，叫 ×××。”后面的人照样说下去，要求大家尽可能把每人的姓名记住。

名字接龙：小组成员围成一圈，任意提名一位学员自我介绍单位、姓名，如“我是 ×××，工作单位是 ×××。”第二名学员轮流介绍，但是要说：“我是 ××× 后面的 ×××，单位是 ×××。”第三名学员说：“我是 ××× 后面的 ××× 的后面的 ×××，单位是 ×××。”依次下去……最后介绍的一名学员要将前面所有学员的名字复述一遍。

在晤谈中，如果您旁边的同事情绪反应过于强烈或出现解离现象，您在我的示意下可以握住他的手或将您的手放在他的肩膀给予他支持。

2. 事实期

通过刚才介绍，我们彼此都对团队成员有了一定的了解，下面我们开始还原危机事件的真实情况，这个阶段我们只谈论当时到底发生了什么，不涉及个人的感受。请大家注意在别人发言的时候，尽可能保持安静，如有人想对事件细节进行补充，也请在别人发言完后举手发言，如果您感觉不舒服，可以保持沉默。如果您的发言离题了，请您原谅我可能会打断一下，好吧？

好，现在请大家轮流谈谈您是怎样知道事件发生的？当时您自己认为发生了什么？您在现场看到了什么？听到了什么？闻到了什么？做了什么？您的身体反应是什么样的？后来又怎样？请大家要轮流报告（从左到右轮流开始，或者从创伤较轻和乐观的人开始）。

主持人要在每个人讲完后说：“非常感谢您的分享……”。当组员过度卷入情绪中时，要及时打断，保持危机干预往下一步走。

3. 感受期

非常感谢大家的分享，让我们对事件的细节有了更多的了解。危机事件的发生会让我们在一段时间里出现震惊、怀疑、茫然和自责等。有些人反应时间可能长一些，而有一些人可能短一些，但这些反应都是在我们出现危机事件后的正常反应。我们接下来讨论一下大家对危机事件的认识和个人感受。

好，现在请大家轮流讨论一下在事件发生时以及发生之后您的感受？以前是否出现过类似的感受？在此次事件中是否认为自己做错了什么？是否觉得自己做得不够？自己对不利的后果要负什么责任？现在您感到最困难的是什么？最具挑战性的是什么？

主持人要注意控制，不是咨询，不能进入深层的咨询。要及时给予情绪控制的干预，不要批评，倾听为主。主持人要在每个人讲完后说："非常感谢您的分享……"。

4. 症状期

感谢大家能够分享自己的感受。下面我们轮流讨论在此次事件中以及现在您体验到了什么不同寻常的事情。自从事件发生后您的生活发生了怎样的改变？对家庭、工作或生活造成了怎样的影响？（请让组员分别从心理、生理、认知和行为等方面来描述）。在大家讨论完之后，如果您还有什么特殊的事情，可以举手补充。

主持人要在每个人讲完后说："非常感谢您的分享……"。

5. 指导期

下面我给大家介绍一下危机事件后大部分人都会有的一些反应。

我们在危机事件发生时，心理和身体会出现一系列应激反应，这些反应一般在危机事件解决后的数小时至几周内消失，绝大部分人的反应持续不会超过1个月，但也有个别人可能持续很长的时间。在危机事件发生时人们的主要表现如下：

认知活动：意识范围狭窄或缩小、感到周围环境模糊或脱离当时环境、定向障碍、事后部分或全部遗忘、注意力难以集中、思维缺乏逻辑、思维迟缓、创伤事件反复出现在脑海中无法控制（即"闪回"）、内疚、自责自罪等。

情绪情感：紧张、焦虑、抑郁、恐惧、愤怒、目光呆滞、表情茫然、麻木、情感淡漠等。

意志行为：话多、无效率的忙碌、哭喊不止、胡言乱语、冲动、躁动不安、活动减少、不食不语、兴趣下降、感到与外界疏远或隔离、异常警觉、入睡困难、睡眠不深或者易醒、易激惹或易怒、过分担惊受怕、对未来心灰意冷、回避谈及与创伤有关的想法、感受及话题、回避可能勾起恐怖回忆的事情和环境、严重者可能出现自杀观念和行为等。

躯体反应：心悸、出汗、发抖、呼吸困难、四肢无力、麻木感、头痛头晕、恶心、腹部不适、食欲下降、体重减轻等。

社会功能：对工作、学习以及人际交往没有兴趣或回避，出现效率下降，感到无力应对。感到夫妻生活质量明显下降、生活学习无计划、与家人和朋友疏远隔离等。

接下来我给大家简单介绍一些如何应对这些反应的方法。

首先我们要有信心，大家在刚才讨论中描述自己出现的反应都是我们在危机事件发生后正常的反应。如果再次出现这些反应，您可以应用我们前面教给大家的“呼吸放松”或“着陆技术”等方法，让自己先放松下来；然后我们应该转移注意力，这些反应便会减轻和消失，但可能再次复发。无论如何，我们应该学会接纳和面对这些反应。如果对我们生活影响较大或持续时间较长，我们必须寻求专业帮助。

6. 再入期

（主持人澄清、回答一些可能被忽略或者不清楚的问题，对整个干预阶段做出总结，关闭创伤事件）今天，我们的晤谈即将结束了，请大家再想一下，有什么事情您还比较担心，您打算怎么办？虽然这次事件很不幸，但对您有什么启示呢？您得到了哪些帮助？您有哪些收获呢？如果在未来发生同样的事件，您会对别人提供什么样的帮助？

（结束语）通过这次晤谈，大家了解到在危机事件发生时每个人都会有一些身体和心理的反应，这是我们在危机事件发生后的正常反应，虽然反应各不相同，但大多数人会在几周内缓解。希望大家在以后的生活中，如果出现类似的反应，可以与我联系或找今天参加晤谈的组员进行沟通或寻求帮助。假如您的症状超过了一个月，且自己感到很痛苦，明显影响您的工作、学习和生活，建议您到医院或专业心理机构去寻求帮助。

最后，我们一起为我们的团队起一个称号。好，我们大家一起喊三声我们团队的称号，如团队名称为“希望”可以喊“希望加油”等。

如果危机事件涉及人员死亡，可以在晤谈结束时加入“祝福寄语”。

祝福寄语：参与晤谈的每位成员在一张纸上写下对遇难者的寄语，然后将纸叠成飞机，大家一起放飞飞机。飞机由助手收集，不得让团队成员收集。

新冠肺炎抗疫中 CISD 干预提纲

第一步 导入期	1. CISD 简介、目的和原则； 2. 破冰游戏：“认识新朋友”或“名字接龙”等； 3. 情绪稳定技术：“呼吸放松训练技术”等； 4. “环境标记技术”或其他技术。
第二步 事实期	鼓励团体成员回顾事件的真实情况： 1. 怎样知道事件发生的？ 2. 当时认为发生了什么？ 3. 在现场看到了什么？听到了什么？闻到了什么？做了什么？身体反应是什么样的？后来又怎样？
第三步 感受期	澄清事件发生后个人在情绪反应前的认知活动和感受： 1. 在事件发生时以及发生之后的感受？ 2. 以前是否出现过类似的感受？ 3. 是否认为做错了什么？是否觉得做得不够？ 4. 现在感到最困难的是什么？最具挑战性的是什么？
第四步 症状期	从心理、生理、认知和行为等方面描述个人的应激表现： 1. 在此次事件中和当前体验到什么不同寻常的事情？ 2. 事件发生之后生活发生了怎样的改变？ 3. 对家庭、工作或生活造成了怎样的影响？ 如情绪变化、身体反应、睡眠饮食、脑海中的想法等。
第五步 指导期	1. 要鼓励团队成员树立信心； 2. 对危机事件发生后的反应进行“常态化”处理； 3. “呼吸放松”或“着地技术”等方法应用； 4. 必要的专业帮助。
第六步 再入期	1. 对干预做出总结，关闭创伤事件。 2. 有什么事情还比较担心，打算怎么办？ 3. 这次事件对个人有什么启示呢？个人得到了哪些帮助？ 4. 个人有哪些收获呢？如果在未来发生同样的事件，会对别人提供什么样的帮助？ 5. 团队称号。 6. “祝福寄语”（如有人员伤亡）。

（齐建林）